含能材料译丛

神奇的含能材料

Demystifying Explosives: Concepts in High Energy Materials

[印度]S. Venugopalan 著

赵凤起 安 亭 曲文刚 杨燕京 译

国防工业出版社

·北京·

著作权合同登记　图字:军-2016-079号

图书在版编目(CIP)数据

神奇的含能材料/(印)S. 维努戈帕兰(S. Venugopalan)著;赵凤起等译.—北京:国防工业出版社,2017.11

书名原文:Demystifying Explosives:Concepts in High Energy Materials

ISBN 978-7-118-11442-3

Ⅰ.①神…　Ⅱ.①S…②R…③赵…　Ⅲ.①化工材料　Ⅳ.①TQ04

中国版本图书馆CIP数据核字(2017)第267479号

※

国防工業出版社出版发行

(北京市海淀区紫竹院南路23号　邮政编码100048)

腾飞印务有限公司印刷

新华书店经售

*

开本 710×1000　1/16　**印张** 12¼　**字数** 213千字

2017年11月第1版第1次印刷　**印数** 1—3000册　**定价** 88.00元

(本书如有印装错误,我社负责调换)

国防书店:(010)88540777　　发行邮购:(010)88540776

发行传真:(010)88540755　　发行业务:(010)88540717

Demystifying Explosives: Concepts in High Energy Materials
SethuramasharmaVenugopalan
ISBN: 9780128015766

Authorized Chinese translation published by National Defense Industry Press.

《神奇的含能材料》(第1版)(赵凤起 安亭 曲文刚 杨燕京 译)
ISBN: 978-7-118-11442-3

This edition of Demystifying Explosives: Concepts in High Energy Materials
by S. Venugopalan is published by arrangement with Elsevier Inc.

本书献给在全世界恐怖袭击爆炸中身亡的无辜遇难者，祈祷我们的地球能尽快摆脱恐怖主义的威胁。

如果处理不小心，含能材料（HEMs；包括炸药、火药和烟火药剂）是非常危险的。在我超过三十年的职业生涯中，我在合成、工艺放大、生产、测试乃至废弃物处理等几乎每一个含能材料研发相关的过程中，都目睹过非常可怕的事故，其中的一些事故造成了人员伤亡。事故的伤者和死者既有刚接触含能材料的初学者，也有自负、自满的资深从业者。如果在处理含能材料时不遵守标准操作规程（SOPs）和“行为准则”，不出事的概率是非常小的。本书第八章“含能材料的安全性”中有更多的相关信息。

请牢记，含能材料与火和电一样，既可以是人类最好的朋友，也可以是人类最危险的敌人，这完全取决于你如何对待它。

译　者　序

本书的原版标题“Demystifying Explosives: Concepts in High Energy Materials”意为《揭开火炸药的面纱:含能材料的基本概念》,题目中的含能材料(High Energy Materials)在国内常用的名称为含能材料(Energetic Materials)。本书旨在揭开含能材料的“面纱”,对其基本原理和概念以及含能材料在各领域的应用情况等进行全面、系统的介绍。含能材料是一类蕴含着大量能量并且可以在短时间内完成能量释放的材料,从1000多年前我国发明含能材料的始祖——黑火药至今,其范畴、性能和应用领域等已经有了翻天覆地的变化。目前,含能材料主要包括炸药、推进剂、发射药和烟火药,不仅广泛用于毁伤、推进、运载和烟火等军事领域,也在石油和矿产开采、安全气囊、焊接和建筑物爆破拆除等民用领域发挥着巨大的作用。可见,含能材料是一类“神奇”的材料。

本书是Elsevier出版社于2015年出版的一本综述含能材料基本概念和发展现状的学术专著。作者Venugopalan教授是印度含能材料研究实验室(High Energy Materials Research Laboratory, HEMRL)的著名专家,担任实验室安全工程分部的主任,主要从事的研究领域包括复合推进剂以及含能氧化剂和黏合剂的合成。Venugopalan教授从事含能材料研究长达30多年,对于含能材料的基本原理及概念有深入认识,对含能材料的发展及应用亦有深入的研究。译者认为,本书将会成为含能材料领域初学者和科研人员很有价值的参考书。

本书共12章。第一章主要介绍了含能材料的基本概念和分类,并回顾了人类追寻能量的历史以及含能材料的发展历程;第二章讨论了含能材料的能量性能,并介绍了燃烧热、爆热、氧平衡等与能量性能相关的参数;第三章主要从爆燃和爆轰两个方面论述了含能材料的爆炸;第四章主要阐述了含能材料的爆炸性能,并介绍了军用炸药和工业用炸药以及炸药的制造工艺;第五章主要介绍了含能材料在身管武器发射中的应用以及发射药的配方和性能参数;第六章介绍了含能材料在火箭推进中的应用,并讨论了推进剂的能量性能和燃烧性能;第七章介绍了含能材料用作烟火药剂的情况;第八章主要论述了与含能材料相关的安全问题,并给出了含能材料研究和生产中应遵循的准则;第九章主要讨论了含能材料的安全检测,并介绍了多种炸药检测的手段;第十章按照色谱技术、光谱技术、热分析技术和感度测试技术的分类,介绍了多种含能材料表征和评价方法;第十一章阐述了含能材料的发展趋势和面临的挑战;第十二章主要论述了含能材料在国民经济中的应用,尤其是在石油开采、安全气囊和建筑物爆破拆除等方面的应用。

本书第一章和第二章由赵凤起翻译,第三章和第四章由安亭翻译,第五章至第七章由曲文刚翻译,第八章至第十二章由杨燕京翻译;全书由赵凤起统稿和审校。张建侃硕士也参与了其中部分章节的翻译工作。

值此书中文译本出版之际,我们在此首先要感谢“装备科技译著出版基金”评审专家委员会的专家们,感谢他们热心的指导和宝贵的建议。此外,我们也要感谢国防工业出版社的肖志力等编辑,感谢她们为此书出版而付出的辛勤劳动。最后,我们还要感谢燃烧与爆炸技术国家级重点实验室的同仁们给予的支持与帮助。

由于译者水平有限,译文中不当之处在所难免,恳请读者不吝指正。

译者

2017年6月于西安

序　一

Vladimir E. Zarko 博士
Voevodsky 化学动力学和燃烧研究所　凝聚系统燃烧实验室
（俄罗斯科学院西伯利亚分院，俄罗斯新西伯利亚 Institutskaya 街 3 号）

炸药、火药和烟火药剂均属于含能材料，已有大量的文献对其进行了详细论述。但是，S. Venugopalan 教授所撰写的这本书可能是第一部阐明含能材料基本概念并着重于论述炸药、火药和烟火药剂之间关系的著作。该著作也涉及了含能材料的安全性、安全检测、仪器表征、性能评价、发展趋势及其在国民经济中的应用等方面内容。本书的作者试图使得“炸药”这个吓人的名词不再神秘，同时在学术界以及本领域的初学者和资深从业者中普及含能材料的概念和知识。

本书的作者不仅在火药、炸药、含能材料相关物的合成方面有非常丰富的实际经验，在火炸药的生产、质量和安全性方面也有较深的造诣。作者在书中讨论了具有实际意义的问题和相应的解决措施，这使得该书引人入胜。俄罗斯人将这称为“获取第一手资料”。作者的表达方法则非常简洁而有趣。本书论述含能材料的定义、分类以及不同含能材料的能量性能间的关系，并对此进行了解释。书中精心制作的图片、实例和每个章节末尾的思考题以及推荐阅读的书目对于读者更深入地理解相关概念均有很大的帮助。

本书中推进剂一章（第六章）论述了火箭发动机内弹道性能的基础以及其与推进剂配方之间的关系，并展望了推进剂研究人员所面临的挑战。火箭学有着非常光明的未来，许多国家都开展了雄心勃勃的空间项目，而梦想选择推进剂这一行业的年轻人则可以从这一章中了解一些基础知识。对于冲压发动机这样利用空气中的氧气为燃料燃烧供氧的吸气式发动机来说，若火箭进入到无氧的外层空间，也需要使用基于含能材料的推进剂配方，因为这样的配方有利于氧化剂和还原剂的反应及燃烧。

如果像全氮化合物这样的先进含能材料能用作推进剂的组分，那么火箭学的发展将会更好。全氮化合物属于分解强放热的材料，它们的分解过程中能释放出大量的能量，从而使火箭获得很高的比冲。然而，全氮化合物的应用也面临着许多问题，包括安全性、成本和燃烧稳定性等。

我确信本书的内容对于学生、研究人员、科学家和技术人员理解含能材料的基本概念是非常有用的。本书的结构合理，内容充实，也是一本非常好的教学用书。

（V. E. Zarko 教授）

简介：

Vladimir E. Zarko 博士于 1985 年在新西伯利亚的流体力学研究所获得了哲学博士和理学博士学位，1989 年成为新西伯利亚工业大学的教授。因在应用研究和教学中的卓越贡献，他获得了多枚俄罗斯宇航协会颁发的奖章。他已在含能材料领域出版了 5 部著作并发表了 150 余篇学术论文，拥有 11 个专利。1993 年，他被推选为印度 HEMSI 的荣誉会员，并于 1997 年成为美国 AIAA 的副会士。1993—1994 年，他受邀到伊利诺伊大学作访问学者，1997 年受邀至加州大学伯克利分校作访问学者。2012 年，他在以色列海法的以色列理工学院教授燃烧课程。

Vladimir E. Zarko

（教授，实验室主任）

序　　二

David Chavez 博士

目前,大量书籍涵盖了含能材料的不同领域,例如炸药、推进剂和烟火技术,而且相关研究开展得相当深入和细致。然而,介绍含能材料相关知识的书籍较少。本书是最早将多学科紧密联系在一起的书籍之一,对含能材料知识的学习起着重要的作用。

本书从概念角度进行了系统阐述,有助于读者打好基础。本书所涉及的内容包括:含能材料的能量、爆燃与爆炸、性能、推进技术、烟火技术、安全问题、表征和评估、趋势和挑战及应用情况。

本书列举了一些通过一步步的细致分析从而解决相关问题的实例,有助于读者更好地理解本书所涵盖的内容。每一章结尾都给出了与本书主要内容相关的问题、参考文献和推荐读物。本书章节内容清晰,作者对含能材料多样化和复杂艰涩的概念进行了精彩的阐述。

丛书计划为从事含能材料不同领域的科研人员和初学者提供一套较高水平的读物,也可以作为科研人员学习含能材料相互关联知识的参考书籍。本书对于与含能材料相关的图书馆、大学图书馆和公共图书馆有很大的收藏价值,能为含能材料知识在具有化学背景的学生间传播学习起积极的推动作用。

David Chavez 博士
美国新墨西哥州 Los Alamos 国家实验室科学家

简介:

David Chavez 博士从加州理工学院获得了荣誉学士学位,从哈佛大学获得了博士学位。他是美国国家自然科学基金和纪念 Beinecke 奖学金获得者、Los Alamos 国家实验室的 Frederick Reines 杰出奖获得者和法国 Cachan 的巴黎高等师范学院的客座教授。2011 年,他因在原子和分子科学领域的贡献而获得了 E. O. Lawrence 奖。他已在有机化学和含能材料合成领域发表了 50 余篇文章(引用达 1800 余次),在含能材料和烟火药剂方面拥有 10 项专利。

序　三

Mahadev B. Talawar 博士

能为本书撰写序言，我感到十分荣幸。本书的作者 S. Venugopalan 是我在 HEMRL 多年的资深同事。我能回想起来，由于他在含能材料领域丰富的经验和在基础与应用化学方面的雄厚背景，很多科学界的官员和工作者为解决自己在火药、炸药和含能材料相关有机合成中的疑问，都会慕名而来向他请教。他也是一名受欢迎的教师，常被邀请做各种主题尤其是含能材料主题的演讲，实验室的科学互助会对于让他写一本以含能材料各种基础概念、发展和应用为中心的书的呼声越来越高。这本书就是这些呼声与作者汗水的结晶。

作者清晰地阐明了炸药、含能材料、爆燃和爆轰等基本术语，并根据不同类别的含能材料举了例子。基于热化学理论，他阐明了含能材料的能量特性。他的见解，尤其是关于含能材料生成焓的重要性的讨论是原创性的，并且非常清晰易懂。在第二章结尾处，他用于描绘含能材料不同参数之间相互关系的网格图表，极好地描述了含能材料的基本概念。正如作者在引言中解释的那样，这本书主要是用于激发含能材料领域初学者的兴趣。拥有化学学位的大学生可以轻松地理解火药、炸药和烟火药之间错综复杂的关系并选择含能材料作为他/她的职业。这本书还涉及含能材料相关的多个方面，包括安全和安保，用于性能表征的仪器分析和性能评估，未来趋势以及含能材料在国民生产中的应用。各章的实例和每章后的思考题对于读者来说也是十分有用的。

正如我在上文中谈到的，我深刻地感受到这本书不仅适合于每一位含能材料的科学技术工作者，也可以加进化学类的学院图书馆书单中，以增加读者对含能材料重要性和视野的认识。不仅对于初学者，即使是对于含能材料领域经验丰富的研究者来说，这本书也是很有价值的，因为以更广阔的视角理解含能材料的整体对于工作来说也大有裨益。我相信这本书会成为一本独特的科学畅销书，并且在不久的将来，含能材料化学将和其他化学的分支一样，成为多数大学和学院的课程之一。

Mahadev B. Talawar 博士
印度普恩含能材料研究实验室(HEMRL)科学家

简介:

Mahadev B. Talawar 博士,含能材料研究实验室(HEMRL)科学家,普恩,印度。

Talawar 博士于1994 年在印度卡纳塔克大学获得博士学位。他已从事了20 余年的军用先进含能材料研究工作,在同行评审的著名国际和国内杂志上发表了150 余篇材料科学领域的论文,并在国内和国际学术会议上展示了多项含能材料领域的工作。1998 年,Talawar 博士在俄罗斯莫斯科门捷列夫化工大学作访问学者研究。此外,他也是美国《含能材料》和俄罗斯《燃烧、爆炸和冲击波》杂志的编委会成员并担任多个国际学术期刊的审稿人。2005—2012 年,Talawar 博士在荷兰禁止化学武器(OPCW)组织担任高级化学武器观察员。这期间的工作带给他化学武器销毁方面的丰富经验。作为 OPCW 的成员,他访问了 50 余个国家,对多次销毁工作都作出了很大贡献。

前　言

炸药的历史最早可以追溯到2000多年以前。公元前200年，中国人首次制造出了第一种炸药，这种炸药被称为枪药或者黑火药。随后的将近1400年时间里，炸药领域的发展出现了长时间的停滞，直到公元1249年前后，英国修道士Roger Bacon才开始对黑火药进行细致的实验研究。但实际上，炸药与推进剂真正的快速发展始于19世纪中叶，这要归功于大量来自欧洲的研究者，其中最杰出的当属诺贝尔。本书第一章会详细介绍炸药以及推进剂发展的几个重要的历史时刻。

进入20世纪，在合成高能、高热稳定性以及低易损性炸药研究方面了取得了里程碑式的进展。同时，用于火箭、枪炮以及其他小型武器的火药也取得了巨大的进步。此外，对于在炸药与推进剂的使用中必不可少的烟火药的研究也取得了巨大的突破。炸药、推进剂以及烟火药（统称为含能材料，HEM）领域在20世纪取得的这些突破主要归功于化学研究的巨大跨越，特别是有机合成、先进测量学、爆炸学和工程学的发展。然而，尽管含能材料研究领域在20世纪取得了巨大的进步，我们也必须认识到，这些进步与其他领域如聚合物化学、电子学以及计算机科学等取得的进步相比是远远落后的。这是由于含能材料研究的诸多约束和限制，科学工作者们必须不断面对新型含能材料发展中的安全、稳定性（热稳定性，物理稳定性以及储存稳定性等）、成本以及其他相关问题。

在含能材料领域已经出版了很多优秀的书籍、手册以及期刊（本领域的重要刊物已在第一章列出）。此外，随着网络技术的发展，大量有关含能材料的信息通过点击鼠标即可获得。但是作者始终认为仍然需要一本着眼于含能材料的各种概念而不是其详细的制备、性质以及应用方面内容的书籍。作者有超过30年对于含能材料的研究经历，涉及多种推进剂和炸药的生产、质量把控以及研发等。长期的研究经历使作者认识到确实需要一本能够将含能材料的相关基本概念整体梳理介绍清楚的书籍，本书正是这种理念下的产物。本书中，我们尝试为各种概念配以插图，以期能够通过这种简单的方式使阅读变得更加容易、有趣以及易于融会贯通。作者尤其希望本书能够为新加入含能材料领域的工作者们带来帮助，无论他们是从事生产、质检还是研发工作。

本书为第一版印刷，可能在某些地方会出现差错、遗漏等，欢迎读者在阅读过程中予以指正反馈，并欢迎各种关于本书的建设性意见，这对于我们下一版的修订和编辑将是非常有帮助的，作者对此表示衷心感谢。

致　谢

在本书完成之际,作者向曾给予帮助的以下人员表示真挚的谢意:R. Sivatalan博士,一位经验丰富的炸药合成研究者,对本书进行了很好的编辑;H. S. Yadav博士,来自HEMRL(Pune)的退休科学家,感谢他在炸药学和冲击波方面所给予的有益讨论;Harries Muthurajan博士和Marine女士在原稿的打印和格式化方面给予了大力支持;我的儿子,Vijay Venugopalan给予了他所有的帮助和支持,保证了本书的顺利完成;也要感谢Pune的HEMRL的科学家和同事,是他们鼓励我来写这本书。

我还要感谢Valdimir Zarko教授(化学动力学研究所所长,新西伯利亚,俄罗斯科学院)、David Chavez博士(美国Los Alamos国家实验室)和M. B. Talawar博士(HEMRL,Pune,印度),感谢他们对本书的评述和所提的一些建设性意见。

S. Venugopalan

作者及原书编辑简介

S. Venugopalan 研究生毕业于马德拉斯大学 St Joseph 学院。在从事了 5 年化学教学工作后，成为一间火炸药工厂的质检官员。随后，加入了含能材料研究实验室，作为一名科研工作者在复合推进剂方面以及含能氧化剂和聚合物黏合剂的合成方面开展了一系列工作。同时，担任了 6 年的实验室安全工程部主管。他从事含能材料的研发、生产以及质量检验方面的工作长达 32 年，具有丰富的研究经验。

R. Sivabalan 博士毕业于安那大学化学专业并加入含能材料研究实验室后，主要从事先进含能材料以及不敏感弹药的合成研究。随后，前往新加坡南阳理工大学从事博士后研究。已发表论文 40 余篇，申请专利 3 项，著作权 1 项。目前，在金奈的战斗车辆研发中心工作。

追寻高能之旅

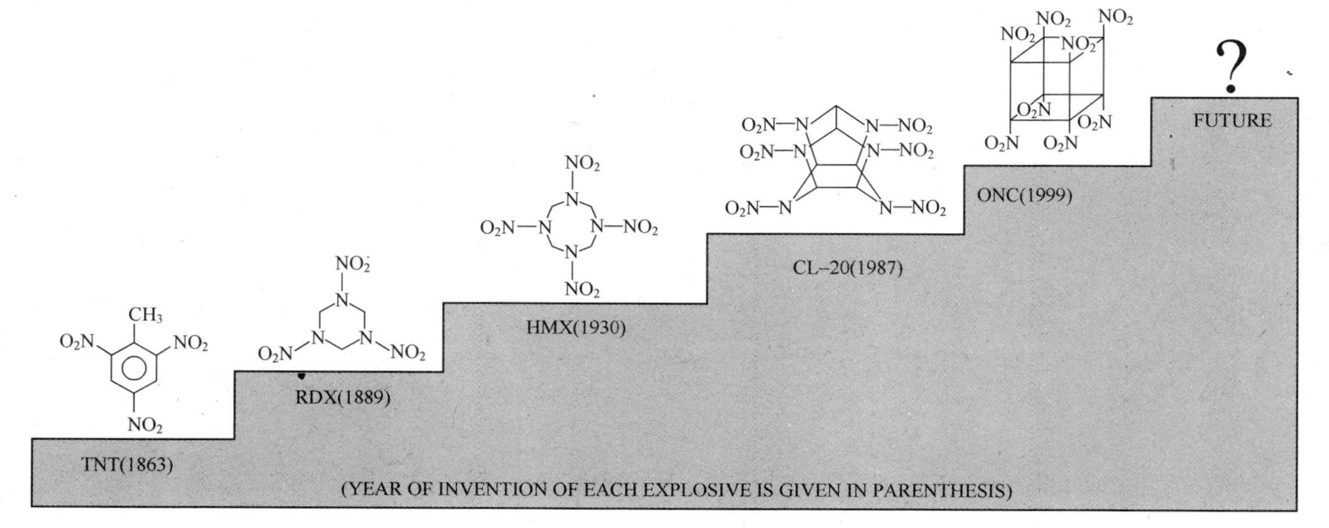

TNT——三硝基甲苯

RDX——环三亚甲基三硝铵（研发炸药）

HMX——环四亚甲基四硝铵

CL-20——六硝基六氮杂异戊兹烷（中国湖20）

ONC——八硝基立方烷

缩 写 词

ADN:二硝酰胺铵

AMATOL:40%硝酸铵和60%三硝基甲苯的混合物

AN:硝酸铵

ANFO:硝酸铵燃料油

AP:高氯酸铵

BAMO:双(叠氮甲苯)氧丁环

BDNPA:双(2,2-二硝基丙醇)缩乙醛

BDNPF:双(2,2-二硝基丙醇)缩甲醛

BNCP:双(5-硝基-2H-四唑-N)四氨络钴(III)高氯酸盐

BTATz:3,6-双(1-氢-1,2,3,4-四唑-5-氨基)-1,2,4,5-四嗪

Bu-NENA:正丁基硝酰氧乙基硝胺

BTTN:1,2,4-丁三醇三硝醇酯

CD(Nozzle):收敛-扩张(喷管)

CE:爆破炸药(也称特屈儿)

CL-20:中国湖-20(也称HNIW)

CTPB:端羧聚丁二烯

CYCLOTOL:RDX(77%)和TNT(23%)的混合物

DBP:邻苯二甲酸二丁酯

DDT:燃烧转爆轰

DMNB:2,3-二甲基-2,3-二硝基丁烷

DNAN:2,4-二硝基茴香醚

DNB:二硝基苯

DNT:二硝基甲苯

DOP:邻苯二甲酸二辛酯

DPA:二苯胺

2N-DPA:2-硝基二苯胺

DSC:差示扫描量热法

DTA:差热分析

ECD:电子捕获探测仪

EGDN:乙二醇二硝酸酯

ESD:静电放电

ESH:炸药储存间

FIS:场离子波谱仪

FOX－7:1,1－二氨基－2,2－二硝基乙烯

GAP:聚叠氮缩水甘油醚

GC:气相色谱

HD:危险等级

HE:高能炸药

HEAT:高能炸药破甲弹

HEM:含能材料

HESH:高能炸药穿甲弹

HMTE:六亚甲基三过氧化二胺

HMX:高熔点炸药(也称奥克托今),环四亚甲基四硝胺

HNF:硝仿肼

HNS:六硝基芪

HNIW:六硝基六氮杂异戊兹烷(也称 CL－20)

HPLC:高性能液相色谱

HTPB:端羟聚丁二烯

IED:简易爆炸装置

IM:不敏感弹药

IMS:离子迁移谱

IR:红外

Isp:比冲

LA:叠氮化铅

LBR:线燃速

LLM－105:1－氧－2,6－二氨基－3,5－二硝基吡嗪(一种热稳定性好的不敏感炸药,由美国劳伦斯·利弗莫尔国家实验室研制)

LOVA:低易损弹药

LOVEX:低易损炸药

LOX:液氧

MEMS:微机电系统

MF:雷酸汞

MNT:硝基甲苯

MSDS:材料安全数据库

MTNI:N－甲基－2,4,5－三硝基咪唑

NC:硝化纤维素

NEQ:净炸药量

NG:硝化甘油

NHN:硝酸肼镍

NIMMO:3-硝酰氧甲基-3-甲基氧丁环

NMR:核磁共振

NTO:3-硝基-1,2,4-三唑-5-酮

OB:氧平衡

OCTOL:HMX(76.3%)和TNT(23.7%)的混合物

ONC:八硝基立方烷

OQD:外部安全距离

PBX:塑料黏结炸药

PETN:季戊四醇四硝酸酯(太安)

PGN:聚缩水甘油醚硝酸酯

PIQD:过程内部安全距离

PVC:聚氯乙烯

RDX:研发炸药(也称黑索今),环三亚甲基三硝胺

RFNA:红色发烟硝酸

SEMTEX:RDX 基塑料黏结炸药的总称

SIQD:储存的内部安全距离

SOP:标准操作程序

STA:联用热分析

TATB:三氨基三硝基苯

TATP:三过氧化三丙酮

TACOT:四硝基二苯并-1,3a,4,6a-四氮杂戊搭烯(一种耐热炸药)

TAGAT:偶氮四唑三氨基胍

TDI:甲苯二异氰酸酯

TEGDN:三乙二醇二硝酸酯

Tetryl:2,4,6-三硝基-N-硝基-N-甲基苯胺或2,4,6-三硝基苯甲胺(也称CE)

TGA:热重分析

THF:四氢呋喃

TLC:薄层色谱

TMD:理论最大密度

TMETN:三羟甲基乙烷三硝酸酯

TNAZ:1,3,3-三硝基氮杂环丁烷

TNB:三硝基苯

TNT:三硝基甲苯

TORPEX:RDX(40.5%)、TNT(40.5%)、Al(18%)和石蜡(1%)组成的混合炸药

TPE:热塑性弹性体

TRD:热氧化还原探测仪

TRITONAL:TNT(80%)和Al(20%)组成的混合炸药

UV:紫外

VOD:爆速

目　录

第一章　对能量与含能材料的追寻

1.1　引言

在印度神话里,“能量”(Energy)被赋予了令人骄傲的地位。正如把爱与荣耀视为美德的古希腊,古印度人将其崇拜的“能量”(Shakti)神话为印度教女神 Kali。地球上的生命在缺乏能量来源和供能材料的环境中是难以生存的。随着人类文明的进展,人们孜孜不倦地追寻着给他们带来生存、舒适和发展的能量之源。显然,人类首个使用的“含能”(Energetic)材料是给他们提供热量以烹煮肉类和蔬菜使其可口的木柴。值得注意的是,自从文明的进程开始一直到几个世纪前,木柴是人类获取能量的主要燃料。

煤炭的发现极大促进了人类工业化的进程。两个世纪前,随着石油资源的发现,全世界的生活方式发生了根本的改变。如今,石油已经成为了现代生活的命脉。尽管核能和太阳能、潮汐能等其他非传统能源也有着应用的潜力,石油仍然支配着我们的生存空间,以至于人们有理由担心我们的后代在近一个世纪后遭遇化石能源耗尽的困境。

1.2　从黑火药到硝基立方烷

上文所谓的含能(Energetic)或供能(Energy - giving)材料如柴火、煤炭、石油实际上都是燃料(Fuel)。它们只有和空气中的氧反应才会燃烧并以热的方式放出能量。然而好战的人类在自身发动的多次战争中不再满足于上述那些只能用来烹饪、照明和进行其他类似活动的燃料。为了从冷兵器战争升级,人类需要使用某种物质将杀伤性弹药(最好是通过身管(Barrel))向他们的敌人发射。黑火药(Gunpowder)是第一种满足此需求的材料。众所周知,黑火药是把硝酸钾(KNO_3,75%)、木炭(碳,15%)、硫磺(10%)分别充分研磨后均匀混合而得。黑火药不需要借助空气中的氧气,因为它燃烧需要的大部分氧可以通过氧化剂 KNO_3 得到。14世纪,Berthold Schowarz 伯爵发明了枪并使用黑火药(Blackpowder)发射石子,由此发现了黑火药做机械功的有效性,这被认为是火炸药(Explosives)历史的真正开端。黑火药只需被简单地装入炮管中并引发,所产生的高压气体就可以发射炮弹。

黑火药几种不同的分解反应如下：

$$2KNO_3 + 3C + S \rightarrow K_2S + N_2 + 3CO$$

$$4KNO_3 + 7C + S \rightarrow 3CO_3 + 3CO + 2N_2 + K_2CO_3 + K_2S$$

1000 多年以前，中国发明黑火药主要是为了放烟火。1250 年，Roger Bacon 描述了火药的成分，但到了 1346 年的 Crecy 战役中，英国人才第一次将其用于枪支。根据记载，18 到 19 世纪的多数战争中，黑火药的使用起到了重要作用。1803—1815 年，黑火药推进的火箭被用来对抗拿破仑的军队；据说南印度的国王 Tippu Sultan 在多次战役中使用黑火药对英国军队造成了严重伤亡。需要注意的是，在上面的例子中黑火药仅仅作为推进材料使用。

黑火药的爆炸性能在 13 世纪被 Roger Bacon 报道后，又在 14 世纪被德国的 Shwarz 重新发现。17 世纪，火药的爆炸性能在欧洲被用于采石业。必须记住的是，黑火药基本上是"爆燃"（Deflagrating）（快速的逐层燃烧）材料，在特定的条件下，爆燃会转变成剧烈的"爆轰"（Detonation）（伴有破坏性冲击波的爆炸）。

黑火药也会有不少麻烦：操作起来脏，会腐蚀枪管，性能不稳定；除此之外还会产生大量的烟雾和闪光，使得敌方可以轻易找到枪的位置。因此人们开始研究如何制造"无烟火药"（Smokeless propellant）。其中一个途径就是制备同时拥有"氧化物"（Oxidizer）成分、"燃料"成分和供能部分的单分子化合物，这样就不再需要将氧化物和燃料混合起来完成推进。19 世纪中叶，在化学有了长足进展的欧洲，化学家们致力于生产出满足这种三合一要求的化合物。他们为了得到含有硝酸根或硝基的产品，对多种有机化合物进行了硝化处理。硝化棉（NC）、硝化甘油（NG）和三硝基甲苯（TNT）就属于满足要求的产品，例如在一个 NG（通过对甘油进行硝化处理得到）分子中，既有燃料成分、氧化剂成分，还有供能（或称为含能）部分如硝基（Nitro group）（图 1.1）。

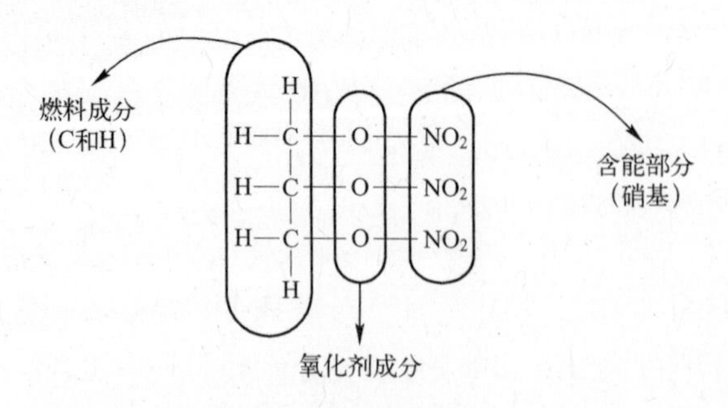

图 1.1　硝化甘油分子

［"硝化甘油"这个术语属于用词不当。NG 包含 3 个硝酸酯基（Nitrate）（—O—NO_2），产生于硝酸（HNO_3）对甘油的酯化作用，因此应该被称为"甘油三硝

酸酯”。同样,NC 应被称为纤维素硝酸酯。]

NG 制备方法:缓慢地把甘油加入 HNO_3 和硫酸(H_2SO_4)的混酸中,反应保持在 20℃。

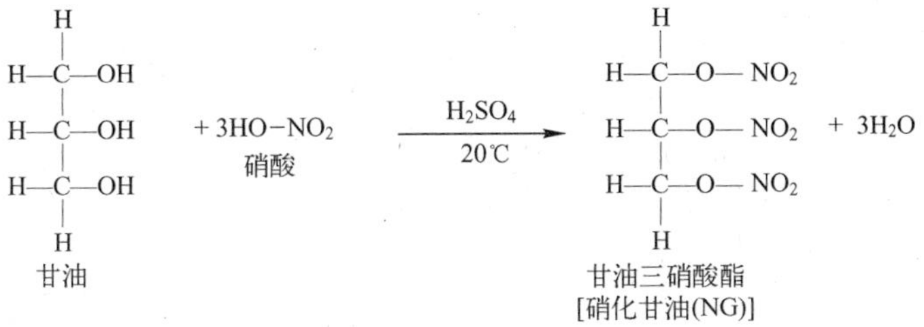

$$\underset{\text{甘油}}{C_3H_5(OH)_3} + \underset{\text{硝酸}}{3HO-NO_2} \xrightarrow[20℃]{H_2SO_4} \underset{\text{甘油三硝酸酯[硝化甘油(NG)]}}{C_3H_5(O-NO_2)_3} + 3H_2O$$

NG 分子不依靠其外表面接触的氧气,在把 C 和 H 完全氧化分别生成二氧化碳(CO_2)和水(H_2O)后还有少量的氧剩余:

$$4C_3H_5(NO_3) \rightarrow 12CO_2 + 10H_2O + 6N_2 + O_2 + 热(1467kcal)$$

这一类燃烧后有多余氧的物质,称为正氧平衡的物质。

NC 是最早合成的炸药之一(图 1.2)。在 19 世纪 30 年代,NC 通过常见的天然聚合物、植物的主要成分——纤维素的硝化作用合成(使用 HNO_3 和 H_2SO_4 的混酸)。NC 是一种纤维状的高能炸药,在干燥环境下极度敏感,需要通过适当的化学处理来使其稳定。另外,遗留的酸和其他副产物会加速 NC 的分解。19 世纪中叶,不稳定的 NC 在工厂和库房中导致了几次损失惨重的爆炸。1866 年,Abel 发布了他关于 NC 稳定化的研究工作。1884 年,法国科学家 Vielle 通过使用乙醚和乙醇的混合物部分修饰了 NC 的纤维性质使其“胶化”,以至于 NC 可以作为比较钝感的“火药粉”(Propellant powder)在加工和处理中使用。

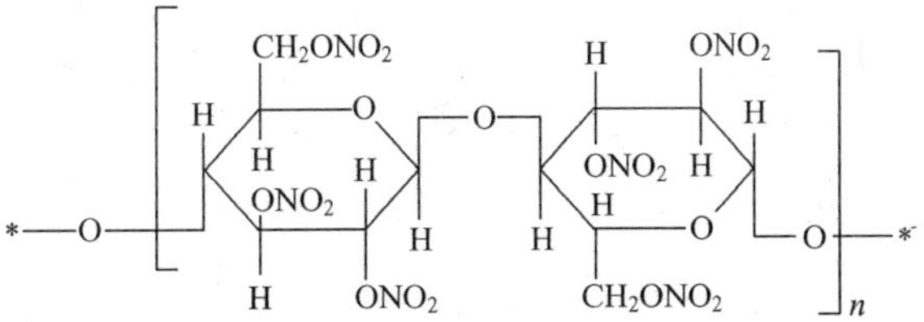

图 1.2 硝化棉的结构

合成:

$$\underset{\text{纤维素}}{C_6H_7O_2(OH)_3} + \underset{\text{硝酸}}{3HNO_3} \xrightarrow{H_2SO_4} \underset{\text{NC}}{C_6H_7O_2(NO_3)_3} + 3H_2O$$

爆炸时,NC 释放出 CO、CO_2、H_2O、N_2 和热:

$$2C_6H_7O_2(NO_3)_3 \rightarrow 9CO + 3CO_2 + 7H_2O + 3N_2 + 热$$

火炸药现代史始于 1838 年,Pelouze 通过硝化把纸质纤维素制成 NC,但是直到 1846 年人们才发现 NC 的爆炸特性。1847 年,Ascanio Sobrero 制得了一种强力的液体炸药 NG。NG 对震动十分敏感,Sobrero 因此认为最好停止这项研究。然而在大约 15 年后,瑞典科学家、高产的发明家和慈善家 Alfred Nobel(1833—1896)重启了这项研究并开始为改进 NG 而奋斗。尽管 NG 具有极高的危险性,他仍然抱有实现 NG 巨大潜力的期望,坚信着自己迟早能够改良 NG(Alfred 有着难以置信的坚韧,他的弟弟死于一次雷管事故,父亲也因为伤心过度而去世,尽管如此 Alfred 从未间断过雷管的研究和开发工作)。NG(硝化甘油)是一种对即使轻微的撞击也极度敏感的材料,而 Kieselghur(硅藻土)是第一种钝感材料,与 NG 混合后可以使 NG 钝化从而降低其感度,所得的甘油炸药是第一种添加了 NG 的可以安全便利操作的炸药。大约 135 年过后,甘油炸药仍然在某些民用领域使用。除了甘油炸药,Nobel 还有一个更令人惊奇的发现,当他把敏感的 NG 和敏感的 NC 混合在一起时,却得到了钝感的凝胶化的"面团"(Dough)。这种凝胶化的材料是强力的爆炸物,因此被称为"爆炸胶"(Blasting gelatin)。这个发现为多种爆炸炸药的发现铺平了道路(干的 NC 可以吸收多达自身质量 11.5 倍的 NG,因此爆炸胶由 92% 的 NG 和 8% 的 NC 复合而成)。1888 年,Nobel 开发出了第一种"无烟火药",以在军事领域代替黑火药。无烟火药是 NC 和 NG 的混合物("双基"),另外还添加了一些樟脑作为塑化剂。Nobel 的多项发明专利使这位改革了炸药工业的天才收获了盛誉,如今人尽皆知的诺贝尔奖便出自 Nobel 积攒下来的巨额财富。

自 19 世纪中叶以后,大量炸药和含能材料被合成出来。附录 A 列出了火炸药历史上重要的里程碑。近 150 年来,随着化学、物理、仪器和计算机领域的跨越式突破,人类在火炸药领域也有了长足发展。科学家们不断地寻找能量、释能速度、密度和其他各种参数更高的分子以用作未来炸药或火药的成分。

数个世纪前开始的对黑火药的工作如今仍然如火如荼地持续着。现在对目标分子的要求有:高度紧实的结构,尽可能高的密度,拥有含能基团。最近人们合成了一种符合要求的分子为八硝基立方烷(Octanitrocubane)(图 1.3)。

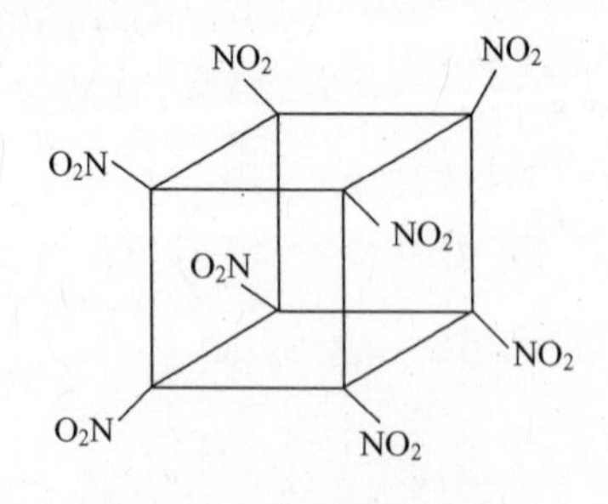

图 1.3　八硝基立方烷

技术不断进步的现代战争,需要越来越专业的火炸药,在接下来的章节中我们将逐一详细展示。

1.3　炸药的类别

“炸药”(Explosives)有多种定义,最为广泛接受的一个定义是:“在适当条件下引发后,可以迅速反应并放出能量,对周围造成破坏的化学药品及其混合物”。

炸药可以通过两种方式进行分类,其中第一种为:

(1) 高能炸药(High Explosives)或爆轰炸药(Detonating Explosives),进一步分为起爆药(Primary Explosives)和猛炸药(Secondary Explosives);

(2) 低爆速炸药(Low Explosives)或爆燃炸药(Deflagrating Explosives)(火药,Propellants)。

发射药属于低爆速炸药,可以在手枪、炮管或枪管中发射弹丸,通过预定速度的逐层爆燃得到大量高压高温的气体从而完成发射。另外,火箭推进剂使用的也是低爆速炸药。

高能炸药中起爆药的引发对于机械撞击、火焰或火花非常敏感;猛炸药如 TNT 和 RDX(Research and Development Explosive,研发部炸药)会剧烈爆炸,产生高速震荡波和冲击波。猛炸药相对更钝感,需要起爆药如某些叠氮金属来引发。尽管起爆药的威力不如猛炸药强大,但足以将猛炸药引爆。

炸药的第二种分类方式是根据其用途,将炸药分为军用炸药和民用炸药(有时也称为商用炸药)。这两类炸药的用途、性质和价格有很大不同,下面几部分介绍了军用炸药的重要要求。

1. 最大化的单位体积能量

单位体积能量是指单位时间内给定体积的高能炸药(例如在炮弹或弹头内)通过爆炸产生的高温高压气体所做的功(膨胀做功)。

2. 高爆速

爆速(VOD)是指冲击波在传爆介质中向前传播的速度。这是军用炸药中一个至关重要的参数,因为这个参数与爆炸破坏力(比如手榴弹)和射流速度成正相关。其测量单位为千米每秒或米每秒(例如 RDX 的爆速为 8.850km/s)。

3. 长期储存的稳定性

战争不是日常事件,在和平年代,装满炸药的军火需要在仓库中长期存放,有时会储存长达几十年,所以不能使用那些几年内就会失效变质的炸药。因此,军用炸药应该能在一个较宽的温度范围内(如 -40 ~ 60℃)长期保持稳定。

4. 对冲击和撞击钝感

炸药要求在需要爆炸时爆炸(可靠性),在不需要爆炸时不爆炸(安全性)。因此,钝感是任何军用炸药在操作和运输等多种环境下确保安全的重要要求。

5. 能耐受巨大的加速度

弹药中的高能炸药必须能经受巨大的加速度(枪弹加速阶段可以经历高达40000g 的加速度)或负加速度(例如穿甲弹侵透钢板)。弹药中的高爆填料应该能被保证不在加速或减速阶段被引爆。

与军用炸药形成强烈对比的是,民用炸药通常不要求高爆速和过高的爆炸威力。实际上,高爆速炸药在民用领域中可能会导致灾难性的后果,比如在煤矿开采中,高速的冲击波导致的绝热压缩会使矿井中产生沼气(甲烷)。炸药或混合炸药会根据实际需要的"威力"调整其组分。

成本是民用炸药的另一个重要因素。民用炸药能否生产,取决于是否卖得出去,而矿老板只会这样问:"用你卖的炸药开采一吨煤要多少钱?"

和军用炸药还有一点不同的是,存放寿命对民用炸药来说并不关键,毕竟民用炸药是快速消费品,相对于需要存放 20 或 25 年的军用炸药,它们一般只会存放半年到一年。

1.4 炸药及其分子结构

为什么只有一部分化合物是炸药而其他的不是呢?因为只有炸药的分子是这样的:

(1) 分子中拥有巨大的潜能(与产热相关,该主题在第二章中讨论);

(2) 处于介稳态,必须只用轻微的引发或少量的活化能就能引发炸药,在短时间内释放蕴含的大部分潜能。

因为这些主要是分子现象,所以在分子结构和爆炸性能上有一定的关系。

一般认为炸药分子结构上的某些官能团是炸药具有爆炸性能的原因(例如—ONO_2、—NO_2、—N—NO_2、—ClO_4、—N_3等),这些被称为"爆炸基团"(Explosophores)(类似于偶氮基团这类使物质成为染料的"发色团"(Chromophore))。Paul W. Cooper 在所著《炸药工程》一书中谈到炸药中的四类取代基:

(1) 氧化剂基团(如—ONO_2、—NO_2、—NF_2);

(2) 燃料基团(如烃基,—NH_2、—NH);

(3) 燃料—氧化剂复合基团(—ONC:雷酸盐;—NH—NO_2:硝胺);

(4) 键能基团(如—N_3:叠氮化物),当高能键断裂时可以给爆炸过程提供能量。

通过组合上述基团,理论上可以得到上千种(尤其是有机的)炸药。但是实际中合成炸药能否使用并得到推广,除了成本和合成可能性外,还会受到热稳定性、感度、化学相容性、毒性和爆炸输出量这几个因素的严格限制。

根据分子结构对炸药分类如图 1.4 所示。

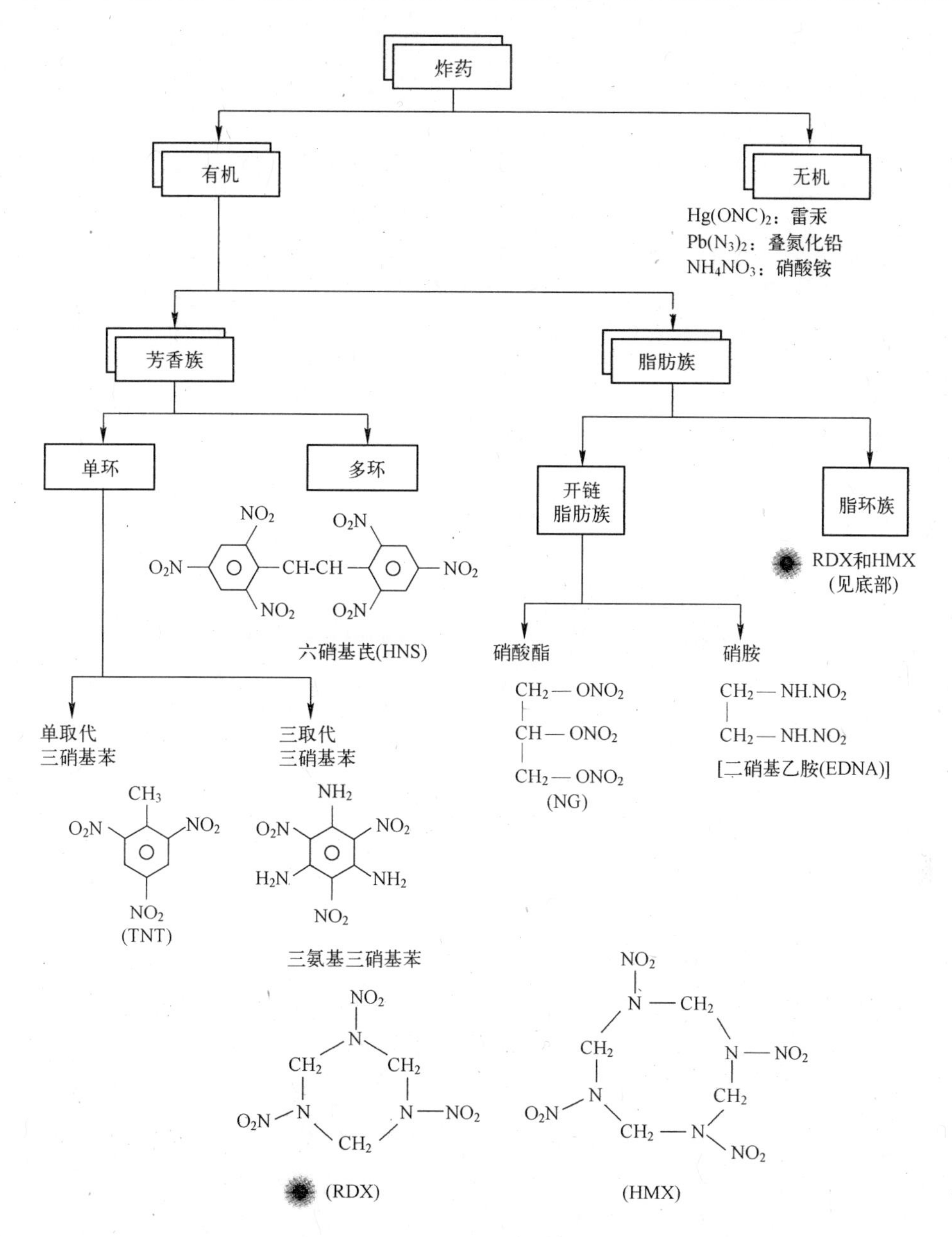

图 1.4　根据分子结构对炸药的分类

1.5　火药的分类

火药是指低爆速炸药或爆燃炸药。这个定义比较宽泛，因为爆燃炸药和爆轰炸药根据条件可能会颠倒过来。在一些极端的条件下火药可能会爆炸，而高能炸药如 RDX 也能作为推进剂的组分稳定燃烧。本书把“火药”这个词定义为：在不需要外界氧气的情况下，按预定的或可预测的速度逐层燃烧，并释放出高温高压气体的材料。

多年来，火药在品种、应用和工艺方面迅速发展。火药可以通过使用载体来分类（火箭、枪支或轻武器），也可以通过化学组成来分类（单基火药主要含有 NC；双基火药含有 NC 和 NG；三基火药含有 NC、NG 和硝基胍；复合推进剂含有固体无机氧化剂如高氯酸铵（NH_4ClO_4；AP），这些无机氧化剂分散在燃料 - 黏合剂聚合基体里面）。火药的化学过程与工艺将在后续章节讨论。图 1.5 根据最终用途对火药进行了大致的分类。

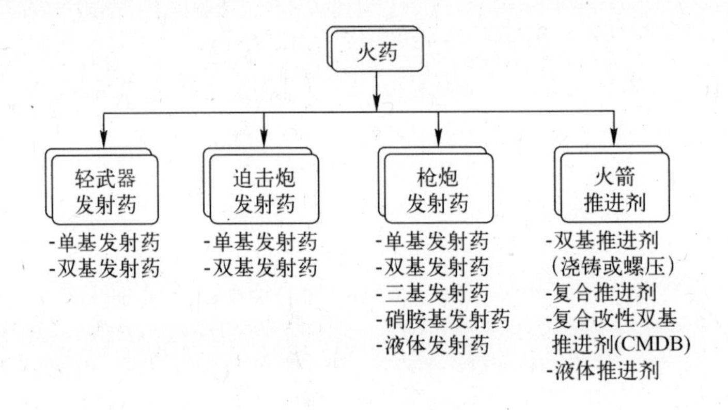

图 1.5　根据最终用途对火药的分类

1.5.1　轻武器发射药

这类发射药通常是微粒形态的，大部分基于单基（NC）火药或双基（NC + NG）火药，包括所谓的“球形药”。它们装载于弹壳中用于发射步枪或手枪的子弹。

1.5.2　迫击炮发射药

迫击炮是战争中常用的炮弹前装式发射武器。通常来说，迫击炮装载的发射药有两类，即主装药和次级装药（Primary and Secondary Propellant）。迫击炮发射药的组成一般基于 NC 和 NG，通常是规定尺寸的薄片形态。

1.5.3　枪炮发射药

枪炮发射药又称为“无烟火药”，这个起源于 19 世纪的词汇将这种新型 NC 火药与传统的黑火药区别开来，正如其名，“无烟火药”在开火时基本上没有烟雾产生。大部分枪支固体发射药都含有 NC。另外，常见的枪支发射药由一种或多种含添加剂的炸药混合而成，通过配方控制和严密的制造工艺使发射药在使用环境下能稳定燃烧，避免爆炸。枪支发射药必需的特性如下：

（1）尽可能少的烟雾和闪光；
（2）较少的毒烟；
（3）在所有环境下保质期长；
（4）点火简便快速；
（5）对所有引发因素钝感；
（6）低火焰温度。

1.5.4　火箭推进剂

火箭推进剂可以简单有效地为飞行提供推力，其第一次在军事上的应用是英军在18世纪与印度人的战争中。1805年前，William Congreve爵士为英国人设计出了一系列推进剂，这使英国人的军事在接下来一个世纪里占据了优势。到第一次世界大战，那些用黑火药发射的火箭已经过时且被淘汰了，从那以后火箭动力武器在对地、对海和对空打击中占据的地位极大提高。

各类推进剂的成分本质和应用的基本信息如表1.1所列。在枪支发射药和火箭推进剂章节中我们将从化学性质、能量水平以及与最终应用的关系角度来讨论组分的重要性。

表1.1　火药常见组分

火药类型		组分		制备方法	主要应用
		主要组分	次要组分		
1	单基	NC	增塑剂、安定剂、消焰剂	挤压	轻武器和步枪弹药
2	双基	NC、NG	增塑剂、安定剂（对推进剂需加入弹道改良剂）	挤压（某些推进剂用浇铸）	步枪弹药，火箭和导弹
3	三基	NC、NG、亚硝胍	增塑剂、安定剂、燃点降低剂	挤压	大口径舰炮、火炮
4	甲硝胺基	NC、NG、RDX	增塑剂、安定剂（对推进剂需添加弹道改良剂）	挤压	步枪弹药，火箭和导弹
5	复合	AP、铝、聚合黏合剂燃料	增塑剂、燃速催化剂等	浇铸	火箭和导弹
6	改性双基	NC、NG、AP、铝	增塑剂、燃速催化剂等	浇铸	火箭和导弹
7	液体火箭	液体氧化剂、液体燃料	—	制备的氧化剂和燃料在分离的料槽中储存	火箭和导弹

1.6　烟火药

（Pyro在希腊语中指“火焰”。）

节日里的焰火表演在历史中有所记载。几个世纪前，中国人是最先掌握制造使用烟火药技艺的民族。世界范围内，民间越来越多地将焰火用于节日和庆典

(图 1.6)。仅仅在印度,一次排灯节(印度的灯火节)就要消耗掉数千吨的烟花爆竹,这使得整个国家笼罩在 SO_2、CO、CO_2和未燃烧颗粒悬浮物的严重气体污染中,更不用说噪声污染了。

图 1.6　除夕夜在伦敦眼举行的焰火表演(经英国肯特郡 Phoenix Fireworks 公司的 Martin Coffin 授权)

烟火药在军事中也有多种重要应用。烟火药往往用于制造一些不同于高能炸药、引发药和火药的效应,例如产生强光用于照明或标记目标、产生高温用于燃烧作用、产生烟雾用于标记或屏蔽、设定爆炸之间的延迟时间等。从化学组成上看,烟火药是氧化剂、金属或有机燃料和其他特殊功能的配料(如黏合剂、颜色效应金属)的微粉的充分混合物。为了达到燃速及其他参数的要求,烟火药被制成不同形状尺寸的颗粒或药球,焰火制造既是科学也是艺术。

大多数焰火反应的主要特点有:①基本属于固-固反应(颗粒尺寸在这类化学反应中十分重要);②多数情况下会产生大量热;③大部分情况下很少产生气体。以下列举烟火药在军事中的部分应用:

(1) 产生彩色信号(例如 Ba、Sr 和 Na 盐的使用可以分别产生绿、红和黄色)。

(2) 通过某些操作引入可控的或可预测的延迟时间(例如通过对导火索或爆炸性气体混合物的操作可以实现几毫秒到几秒的延迟)。延期药使用的材料要求在"延期管"中的反应不能产生气体,以确保延迟的最小误差(气体的产生会导致管内的压力上升,改变反应/燃烧速率,有时甚至延时系统承受不了产生的压强)。符合条件的混合物例如($BaCrO_4$ + B) 和 ($KMnO_4$ + Sb)。

(3) 在防空导弹上附着一个闪光,以帮助其命中目标(例如 Mg + $NaNO_3$ + 聚酯树脂)。

(4) 生成烟雾以提供遮蔽(如 Zn + $KClO_4$ + 六氯苯)。

根据产生的特殊效果,烟火药可以分为四类(图 1.7)。

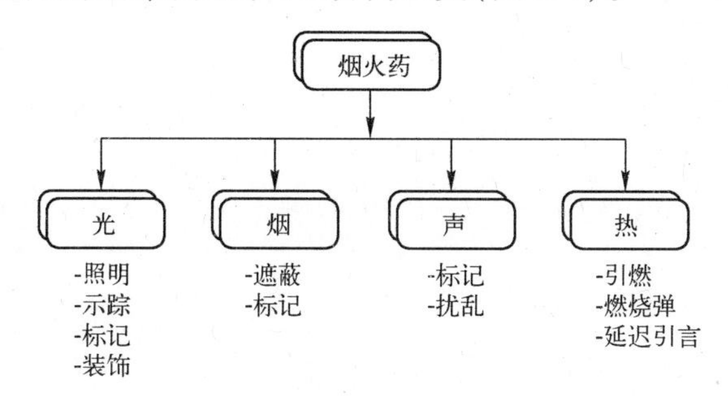

图 1.7　根据特殊效应对烟火药的分类

1.6.1　光

发射强光是很多烟火药的基本功能。大多数发白光的烟火药中都含有铝或镁,这些金属在氧化时放出大量热,而且氧化镁、氧化铝产物在高反应温度下是良好的光发射体。

1.6.2　烟

烟雾可以用于发送军事信号或屏蔽目标,通常用焰火和某些染料混合制得。法国军队的 Henri Berger 队长在 1920 年发现金属粉末和有机卤化物的混合物可以产生军用烟雾并获得了这一专利。现代战争中发展出的一些特殊化学品产生的烟雾可以屏蔽红外线侦察。

1.6.3　声

烟火药产生的震荡声波是由高压气体的突然释放产生的,这类烟火药用于多种模拟设备。

1.6.4　热

热往往被视为烟火药的副产物之一。但在另一些应用中,热或火焰则是目标产物,它既可以用来做功也可以用来破坏。产热的军用烟火药主要用于引发器、燃烧弹和延迟引信。

烟火药通常不属于炸药。烟火药剂中单独的一个成分都可能是惰性的,这些成分一旦以“氧化剂 - 燃料”形式混合(通常以微粉的形式),就变成了含能材料。烟火药大多对撞击、摩擦和静电敏感,大规模生产线上的烟火药被意外引燃会产生巨量的热和火焰并导致灾难性的破坏(一些感度高的烟火药粉尘可以被 10μJ 的能量引发)。生产烟火药的场所必须有详尽的安全措施,如静电释放系统和使用无火花工具、工艺过程保持在至少 60% 的湿度的厂房内,某些情况下在液体介质中进行混合操作等。本书的第七章将讨论烟火药的一些基本概念。

附录B列出了出版过最新研究、综述和含能材料新书介绍的国际期刊名称及其法人办公室地址。

附录C列出了炸药、火药和烟火药领域的国际团体、机构和实验室。

附录A　火炸药发展史中的重要里程碑

里程碑	年份
中国人发明黑火药	约公元前220
英国修道士 Roger Bacon 试验黑火药	1249
德国修道士 Berthold Schwartz 研究黑火药	1320
英格兰的 Edward Howard 重新发现雷汞	1800
意大利教授 AscanioSobrero 发明 NG	1846
巴塞尔的 Schobein 和法兰克福的 Bottger 发明 NC	1845—1847
瑞典科学家 Immanuel Alfred Nobel 创建 NG 的制造厂	1863
Nobel 的工厂被摧毁	1864
Ghur 代那迈特炸药专利	1867
Ballistite(巴里斯太火药/无烟火药)	1888
Cordite 火药	1889
PETN(季戊四醇四硝酸酯)	1894
RDX	1899
HMX(高熔点炸药)	1930
首个 PBX(塑料黏结炸药)配方	1952
Octol(奥梯炸药)	1952
CL-20(China Lake-20)	1987
ONC(八硝基立方烷)	1999
N_5^+	2001

附录B　含能材料领域的国际期刊

期刊名称	联系方式
Propellants, Explosives, Pyrotechnics	地址:Journal Customer Services, Wiley, 350 Main Street, Malden, MA02148, USA 电话:1-781-388-8598 或 +1-800-835-6770; 电子邮件:cs-journals@wiley.com 电子邮件:subscriptions@tandf.co.uk

(续)

期刊名称	联系方式
Journal of Energetic Materials Journal of Pyrotechnics	地址:Bonnie Kosanke,1775 Blair Road,Whitewater,CO 81527,USA. 电话:1 -970 -245 -0692; 传真:1 -970 -245 -0692; 电子邮件:bonnie@ jpyro. com
Combustion and Flame	地址:Dan O' Connell,Publicity Manager,Science & Technology Books 电话:1 -781 -313 -4726
Defense Science Journal	地址:Director,DESIDOC,DRDO Metcalfe House,Delhi - 110 054 India. 电子邮件:dsj@ desidoc. drdo. in
Science and Technology of Energetic Materials	地址:Japan Explosives Society,Kaseihin Kaikan Building. 5 - 18 - 17,Roppongi,Minato - ku,Tokyo 106 -0032,Japan. 电话: +81 -3 -5575 -6605; 传真: +81 -3 -5575 -6607; 电子邮件:web - master@ jes. or. jp

附录 C　炸药、火药和烟火药领域的国际团体

团体名称	联系方式
Institute of Chemical Technology,Germany	联系人:Dr. Stefan Tröster 地址:Fraunhofer - Institutfür Chemische Technologie ICT,Joseph - von - Fraunhofer - Straβe7,76327 Pfinztal,Germany. 电话: +49 -721 -4640 -392
Institute of Detonation	地址:Christopher Boswell,IHDIV,NSWC. 电话:1 -301 -744 -4619; 电子邮件:intdetsymp@ navy. mil
American Institute of Aeronautics and Astronautics (AIAA)	地址:AIAA Headquarters,1801Alexander Bell Drive,Suite 500,Reston,VA 20191 -4344 USA. 电话:1 -703 -264 -7500 或 1 -800 -639 - AIAA; 传真:1 -703 -264 -7551
Japan Society of Energetic Materials	地址:Japan Explosives Society,Ichijoji Building,3F,2 -3 -22,Azabudai,Minatoku,Tokyo 106 -0041,Japan. 电话:81 -3 -5575 -6605; 传真:t81 -3 -5575 -6607; 电子邮件:webmaster@ jes. or. jp
High Energy Materials Society of India	地址:High Energy Materials Research Laboratory (HEMRL),Sutarwadi,Pune -411021. 传真:020 -25869697; 网站:www. hemsichd. org; 电子邮件:hemce2011@ gmail. com

推荐阅读

[1] S.M. Kaye (Ed.), Encyclopedia of Explosives and Related Items, vol. 1–10, U. S. Army Armament R&D Command, N.J, 1983.
(NOTE: This is the most exhaustive compilation carried out on explosives and related items. To be used for "reference" and not "reading.")
[2] R. Meyer, J. Kohler, Explosives, VCH Publishers, Germany, 1993 (Encyclopedia – handy for referencing).
[3] T. Urbanski, Chemistry and Technology of Explosives, vol. 1–4, Pergamon Press, Oxford, New York, 1983.
(Considered to be the Bible of explosives chemists and technologists – a 'must' reference book in any lab/institution/factory dealing with high energy materials.)
[4] Service Text Book of Explosives, Min. of Defence, Publication, UK, 1972.
[5] B. Morgan, Explosions and Explosives, Macmillan (Quantum Books), London, New York, 1967.
[6] A. Bailey, S.G. Murray, Explosives, Propellants and Pyrotechnics, Pergamon Press, Oxford, New York, 1988.
[7] T.L. Davis, The Chemistry of Powder and Explosives, Wiley, New York, 1956.

思考题

1. 谁首先发明了黑火药？谁是第一个概述火药成分的科学家？
2. 硫磺、KNO_3和木炭在黑火药中的作用是什么？
3. 写出黑火药爆炸的化学方程式。
4. 写出 TNT 的分子式，并指出其中的燃料、氧化剂和含能部分。
5. Alfred Nobel 是怎样驯服危险的硝化甘油的？你觉得这背后的原理是什么？
6. 给炸药下定义。
7. 将下列炸药归类为起爆药、猛炸药和低爆速炸药：

(a)叠氮化铅；(b)β-HMX；(c)TNT；(d)火箭推进剂；(e)四氮烯；(f)PETN；(g)RDX；(h)发射药；(i)特屈儿；(j)雷汞。

8. 为什么将炸药分子混合后用作炸药更好？
9. 军用炸药需满足什么重要性能？
10. 为什么不能将军用炸药用于民用(以及反之)？
11. 爆炸基团是什么？
12. 如何根据用途和组分将火药分类？
13. 烟火药有什么不同的用途？
14. 如何分别区分以下概念：(a)燃料；(b)火药；(c)高能炸药；(d)烟火药。
15. 一般的双基药和三基药中，主要组分和次要组分是什么？
16. 说出烟火药在军事中的一些应用。

第二章　含能材料能量学

2.1　火炸药是含能材料吗

炸药储存能量，这些潜能深藏在这些材料的分子中，并且当它们受到适当的触发或起爆时，其能量释放出来。释放的这些能量来自炸药化合物分子中含能化学键的断裂。炸药（和火药，被称为低爆速炸药）有时也被称为“含能材料”（HEM）或“含能材料”。用这些术语能描述清楚炸药吗？让我们比较一下今天广泛应用的爆炸威力最高的炸药 HMX（High Melting Explosive，化学名称为环四亚甲基四硝胺）和众所皆知的燃料煤在能量上有何差异。

从表 2.1 可以看出，每克煤产生的热量比 HMX 产生的热量高 5 倍。由 1g 煤或 HMX 释放的热量描述在图 2.1 中。对比表明，每日应用的燃料释放出远远多于任何已知炸药的热量。因此，从热化学现象出发，火炸药不是真正的含能材料。无论如何，我们也观察到 HMX 爆炸时间比 1g 煤燃烧所用的时间要短得多。前者经历了一个由冲击波伴随的爆炸过程，而后者借助所得到的空气中的氧使自己耗时燃烧。如果考虑热释放的功率，则 HMX 的功率约为 5.6×10^9 W，而煤仅为 488W。由 HMX 产生的功率远大于一个国家所有动力发动机产生能力的总和。对炸药来说，最适合的术语不是含能材料，而是“填充动力材料”。

表 2.1　煤和 HMX 产生的热量

序号	性能	煤(1g)	HMX(1g)
1	放热	7000cal（燃烧热）	1355cal（爆热）
2	时间（燃烧/爆燃）	60s	10^{-6}s
3	释能功率	488W	5.6×10^9 W

从上面的例子可以看出，1g 煤的燃烧大约需要 60s 的时间。在无风的条件下，1g 煤燃烧所需时间取决于其暴露于空气中的表面积。如果把煤变成小碎片，则煤的燃烧时间会急剧减少。作为一个极端情况，当同样的 1g 煤被粉碎成细粉并且像粉尘一样分散在空气中时，且每一个粉尘颗粒和空气中的氧分子紧密接触。当反应被激发时，其燃烧反应发生得如此之快，以至于会转变成剧烈的爆轰。在煤矿中，灾难性的煤尘爆炸就是这种现象导致的结果。这种粉尘爆炸在许多其他工业中亦是极为常见的。

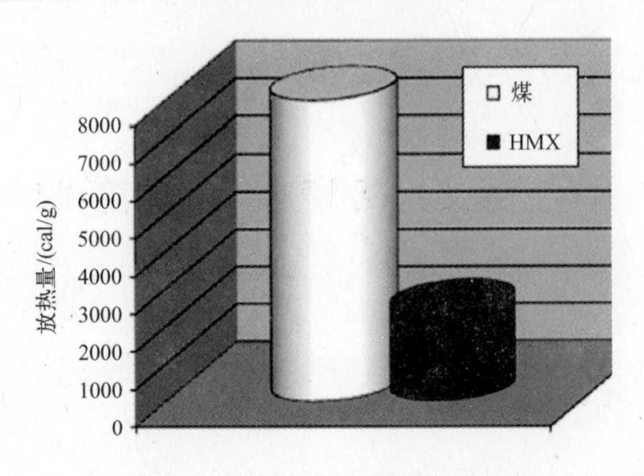

图 2.1　1g 煤和 HMX 放热量对比

2.2　炸药:神奇之灯

炸药就像人们熟知的神话“阿拉丁与神灯”中的妖怪。它有巨大的潜能,但是,它得在掌控之下或关在瓶子中,仅当需要它工作时,才打开瓶盖。对于炸药来说,我们给出必要的激发能。炸药是一种处于亚稳态平衡的物质,一旦进入爆炸阶段,就能释放出巨大的潜能。使炸药爆炸需要的能量和炸药爆炸释放的能量之间的关系可定性地予以解释,就像悬崖的顶端放置一块巨石一样。

图 2.2(a)和(b)分别给出了两种类似的情况,即巨石放置在悬崖峭壁的边缘和合成的炸药处于亚稳态状态。人们得花费很大的劲(或花费很多的能量)把巨石放到悬崖边上(施加一个等于 B 的能量),因此它从高处落下,把势能转变成动能,当它击打地面时,释放出能量并发出巨响。释放的能量等于 C。一个炸药被合成,其中堆积着巨大的潜能,如极高的键能、结构张力能等,这些能量被保持在亚稳态,如图 2.2(b)所示。$D-E$ 是在合成过程中施加的有效能量。如果假定反应物为某元素,如碳、氢和氧,$D-E$ 即被称为炸药的生成势。此时,炸药仅需一个等于 F 的激发能(一般称为活化能),则在爆炸过程中,一个等于 G 的能量被释放出来,并且形成稳定的产物。

合成炸药的化学式应该保证:①产物应尽可能有正的生成热(即炸药分子的能量水平应高于制备该分子所用元素的能量水平);②它在分子中自己提供氧,而不用外部或大气中的氧来影响爆炸过程;③爆炸反应产生大量气体。因素①和②将可保证爆炸过程中释放出大量的热(爆热),并急剧地增加产物的温度,一般可达 2000℃以上。因素③可保证如此多的高温气体将形成非常高的压力。气体从极高的压力快速膨胀到大气压力,可在短时间内做大量的功,即:产生的气体作为强有力的物质可以完成所设计的任务,如由高能炸药在微秒的时间内可以产生爆炸反应;在几毫秒的时间内把子弹或炮弹从身管中抛射出;或从几秒甚至到几分钟实现火箭的自推进。

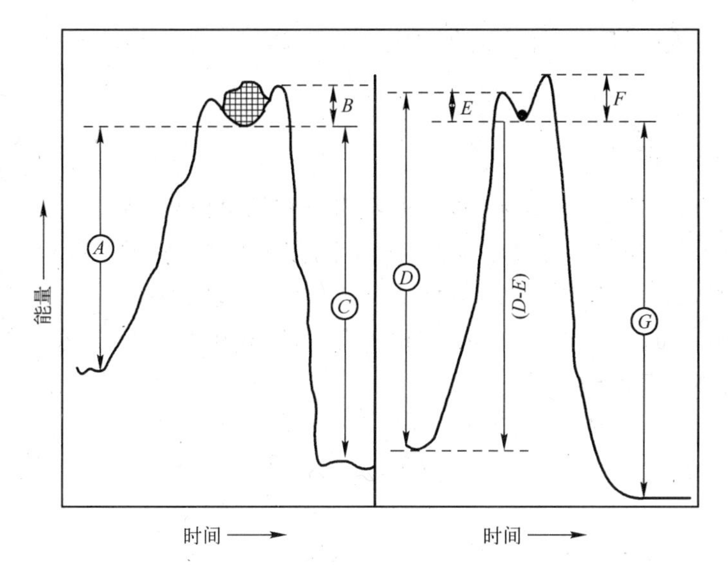

图 2.2　悬崖峭壁上的巨石和炸药分子

在化学爆炸中氧化反应总是必要的吗？尽管大多数化学爆炸包含有燃料元素的快速氧化过程，但某些情况下并非如此。如叠氮化铅($Pb(N_3)_2$)，一个非常知名的起爆药，在其分子中就不含有氧原子。无论如何，它有正的生成热，与铅原子相连的叠氮基团(—N—N≡N)有弱的连接，并且其能量水平较高，仅需要一个小的激发能，就可使其连接断开，产生更加稳定的产物，释放出能量。

$$Pb—\overset{(-)}{N}—\overset{(+)}{N}\equiv N_2 \rightarrow Pb + 3N_2 + 110.8kcal$$

2.3　热化学和爆炸能

化学反应常伴有能量的改变，主要是以热的形式表现出来。在化学反应中，论述热改变的科学分支称为热化学。记住热化学的某些基本概念，就可以很好地理解在炸药形成或爆炸过程中热转换的情况。三个主要参数的概念要十分清楚，即内能(E)、热含量或焓(H)以及功(W)。一个物质的内能是其总能量，包括动能(由分子平移、振动和旋转运动而引起)和势能(由不同的原子之间、分子之间和亚分子之间的吸引力或排斥力而引起)两部分。在化学反应中，反应物分子的某些键断开，产物分子的某些键形成。这时内能的动能部分经历了一个改变，其改变值或为正值或为负值。E 是已知物质绝对温度的度量，当温度升高时，在分子中，所有动力学方面的能量明显增加。

热含量或者焓(H)定义为 $H = E + PV$，其中 P 和 V 分别为压力和体积。当系统在 E 值上发生改变时，H 随之而变，同时对外做出一定量的功。功被认为是 $W = P(\Delta V)$，其中 ΔV 是由于膨胀做功导致的体积的改变值。E 和 H 的绝对值并不重要,我们感兴趣的仅是当化学反应等变化发生时,整个体系 E 和 H 值的变化量(ΔE 和 ΔH)。

2.3.1 反应热

在化学反应过程中,吸收或放出的净热量称为反应热(ΔH_r)。反应热包括反应物分子中某些键断裂所消耗的能量和产物分子中某些键形成所放出的能量,如果消耗比释放的能量多,那么则称反应是吸热反应,反之为放热反应。在吸热反应中,产物的 ΔH 大于反应物的 ΔH;而对放热反应,则相反。

1. 吸热反应(净吸热)

热含量	A	+	B	→	C	+	D	−	热
(任意值)	80 cal		100 cal		120 cal		100 cal		40 cal

$$\Delta H = H(\text{产物}) - H(\text{反应物})$$
$$= (120+100)-(100+80)=40\text{cal}, \Delta H = +40\text{cal} \quad (2.1)$$

因此,吸热反应可表示为

反应物 + 反应物吸收的能量→产物

2. 放热反应(净放热)

P	+	Q	→	R	+	S	+	热
100 cal		150 cal		50 cal		75 cal		125 cal

$$\Delta H = H(\text{产物}) - H(\text{反应物})$$
$$= (50+75)-(100+150) = -125\text{cal}, \Delta H = -125\text{cal}$$

因此,放热反应可表示为

反应物→产物 + 释放的能量

注意,对放热反应来说,ΔH 为负值;对吸热反应来说,ΔH 为正值。所有炸药的化学反应为放热,故这些反应的 ΔH 为负值。

比较所有反应的反应热应在标准状态进行,即在 25℃(298K)和 1atm 的条件下。

2.3.2 生成热

化合物的生成热(ΔH_f)定义为“在标准状态下,由元素单质形成 1mol 的化合物所释放或吸收的热量”。

假定元素(如 H、O、C 等)的生成热为零,则炸药的生成热既可是放热的,亦可是吸热的。如硝化甘油(NG),它的生成热反应式可写为

$$3C + \frac{5}{2}H_2 + \frac{3}{2}N_2 + \frac{9}{2}O_2 \rightarrow C_3H_5(NO_3)_3 + 84\text{kcal}(\Delta H_f = -84\text{kcal/mol})$$

$Pb(N_3)_2$ 是一个起爆药,由吸热反应生成。

$$Pb+3N_2 \rightarrow Pb(N_3)_2 - 110.8kcal(\Delta H_f = +110.8kcal/mol)$$

很快将看到，ΔH_f是炸药非常重要的热化学参数，因为它在爆热（或爆轰热）和其他参数的获得中发挥着重要作用。一个炸药有正生成热或者较低的负生成热，它在爆炸过程中释放的热最大。

2.3.2.1　ΔH_f的实验估算

在多数情况下，不可能通过实验的方式由其元素生成化合物，例如，我们不能由 NG 的元素 C、H、N 和 O 像上面所述的反应式来合成出 NG。我们常用热总量恒定的 Hess 定律来解决问题：如果一个化学反应由几个步骤进行，则在每个步骤释放热量的代数和等于反应直接发生时释放的总能量。即：在化学反应中，不管是恒压还是恒体积，总的热改变量是相同的，无论这个反应是一步完成还是多步完成。根据这一定律，ΔE 和 ΔH 仅与初态和终态有关，而与反应路径无关。这些被形象地描述在图 2.3 中。该定律是能量转换定律的必然结果。

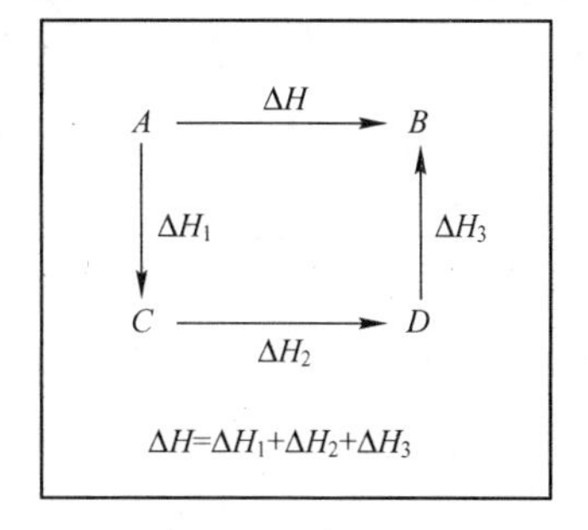

图 2.3　Hess 定律

Hess 定律的另一种表达方式为

$$\text{反应热}(x) = \sum(\Delta H_f)_{\text{产物}} - \sum(\Delta H_f)_{\text{反应物}}$$

或

$$x=(\Delta H_f)_C+(\Delta H_f)_D-(\Delta H_f)_A+(\Delta H_f)_B \tag{2.2}$$

其中，A 和 B 为反应物，C 和 D 为反应后的产物。

再以 NG 为例，其生成焓该如何计算呢？（已知爆热 $\Delta H_e = -367kcal/mol$；$\Delta H_{f(CO_2)} = -94kcal/mol$；$\Delta H_{f(H_2O)} = -67.4kcal/mol$）

NG 的爆炸反应方程式：

$$C_3H_5(NO_3)_3 \rightarrow 3CO_2+\frac{5}{2}H_2+\frac{3}{2}N_2+\frac{1}{4}O_2+367kcal$$

（注意：爆热可由实验测得）

采用 Hess 定律

$$\Delta H_{\text{反应}} = \sum(\Delta H_f)_{\text{产物}} - \sum(\Delta H_f)_{\text{反应物}}$$

$$-367=\left[(3\times-94)+\left(\frac{5}{2}\times-67.4\right)\right]-[(\Delta H_f)_{NG}]$$

（注意：单质的 ΔH_f设为 0）

则

$$\text{NG 的 }\Delta H_f = -83.5kcal/mol$$

因此，NG 是一个放热的化合物。显然，如果已知一个炸药的 ΔH_f值，那么就能计算它的爆热。

2.3.2.2　ΔH_f的理论预估

有诸多计算程序，理论上可以预估或预测高能炸药（如 TIGER、BKW 程序）、固体推进剂(如 NASA - LEWIS)和枪炮发射药(如 BLAKE)的性能。无论如何,如果没有相关含能材料及其爆炸产物的 ΔH_f数据,则这些程序将无法运行。目前,尚有一些有应用前景的炸药分子没有合成出来。进而,如果想理论上预测它们作为高能炸药或推进剂组分(决定它们是否值得合成)的性能,那么就需要知道它们的 ΔH_f值。显然,我们不能仅依赖于实验方法(像 NG 爆热实验测定那样),因为有些化合物是不可得到的。本部分主要介绍了几个实用的理论方法,以预测化合物的 ΔH_f值。

1. 基团加和法

在该方法中,炸药分子被分成不同的基团,每个基团都有其设定的焓值。各个基团的焓值进行加和则得到分子的 ΔH_f值。这种方法忽略了基团之间的相互作用效应。它主要应用于气体,对于固体应进行修正,补加大约 25kcal/mol 的升华热。以炸药季戊四醇四硝酸酯(PETN,图 2.4 和图 2.5)为例,PETN 分子中下列基团的生成焓是可得到的:

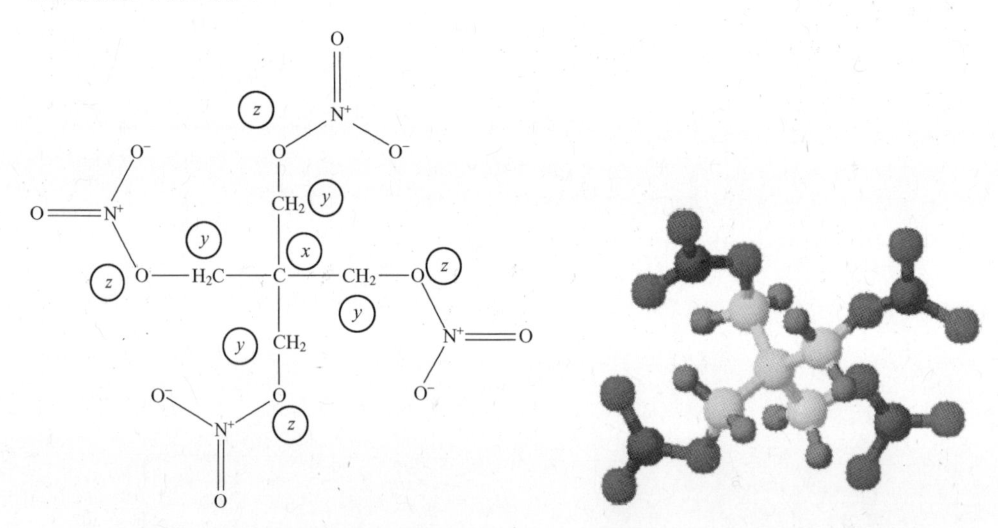

图 2.4　季戊四醇四硝酸酯分子　　　图 2.5　季戊四醇四硝酸酯球棒模型

(1) 1 个 C—$(C)_4$基团其 ΔH_f = +50kcal/mol(即中心碳原子);

(2) 4 个 C—(CH_2)—(O)基团其 ΔH_f = -8.1kcal/mol;

(3) 4 个 C—$(O—NO_2)$基团其 ΔH_f = -19.4kcal/mol。

于是

$$\Delta H_{f(PETN)} = (1 \times 0.5) + [4 \times (-8.1)] + [4 \times (-19.4)] = -109.5\text{kcal/mol}$$

减去设定的升华热

$$\Delta H_{f(PETN)} = -109.5\text{kcal/mol} - 25\text{kcal/mol} = -134.5\text{kcal/mol}$$

(实验值 = -128.7kcal/mol)

Benson 已经确定了许多基团的 ΔH_f值,可应用于脂肪族、芳香族和杂环化合物。这些数据至少在近似计算诸多化合物 ΔH_f值上会产生极大的帮助。

2. 其他方法

俄罗斯科学家 Dmitrii V. Sukhachev 和他的同事最近发明了一种方法，该方法基于定量结构和性能的关系以及有效的分子构造模拟软件预估和预测了非芳香族多硝基化合物。这种方法也基于回归方程的构建，使得已知化合物的结构与它们的物理、化学和拓扑性能联系起来。选择最好的模型方程，将其用于预测新结构的性能，并且选择有潜在应用价值的结构用于下一步的合成。

基于量子力学方法建立的软件包已被开发用于预测 ΔH_f 值，并且有很好的精度。

2.3.3　爆热(ΔH_e)和燃烧热(ΔH_c)

大多数的炸药都含有 C、H、N 和 O 原子。在爆炸反应过程中，炸药分子利用其结构内部的氧原子，而不依靠外部和大气中的氧。由于爆炸过程极快，它可能来不及与分子结构外的氧反应。必须注意：所有的氧化反应($C \rightarrow CO$，$CO \rightarrow CO_2$，$H \rightarrow H_2O$)和所有的爆炸反应都是放热的。现在让我们认识一下两类氧化反应——燃烧和爆炸。

(1) 燃烧热(ΔH_c)：定义为，当 1mol 化合物在过量氧的情况下完全燃烧时所释放的热量。这就意味着，在分子中所有的 C 原子和 H 原子都分别被转换成二氧化碳(CO_2)和水(H_2O)。一种燃料在空气中燃烧释放出燃烧热，因此燃烧热常被指作“发热值”。在我们的身体中，当某些食物的成分如脂肪在新陈代谢期间经历燃烧时，则有热量产生，此时热量简单地被称作“卡路里”，这是当今我们十分关注的术语。

(2) 爆热(ΔH_e)：考虑一些炸药，像 NG 是一个例外，我们就会发现在它们的分子中所能得到的氧量是不足的，不能把 C 和 H 分别完全地转化为 CO_2和 H_2O。因此，分子内 C 和 H 原子之间若被氧化就变成了竞争关系。其结果是爆炸的产物没有完全被氧化，含有一氧化碳(CO)和 H_2，有时也有 C。显然，爆热总量小于燃烧热。未完全氧化的爆炸产物其本身就是燃料，且在爆炸的情况下，这些未彻底氧化的产物一遇上大气中的氧，就会进一步氧化，形成二次火球。

传统上讲，“爆热”(Heat of Explosion)这一术语应用于火药(它们是爆燃“炸药”)，而“爆轰热”(Heat of Detonation)应用于高能炸药。Dunkel 把爆轰热定义为当一个炸药爆轰时，其产物仍在 C－J 条件(见第三章)，即在爆轰区中的气体温度大约在 5000K，压力大约在 10^5atm 时，此时所释放的热为爆轰热。在爆轰区的产物组成与在量热仪中发现的组成稍有不同，因此，由 Dunkel 定义的爆轰热也与爆热稍有不同。从实际出发，我们把爆轰热和爆热几乎不加区分，将爆热用于所有的计算。爆热(ΔH_e)也被称作量热值(缩写为“cal. val”)。火炸药仅依靠分子中可得到的氧，因此，它们在真空中亦可施展功能。进一步讲，爆炸反应如此之快以至于来不及与大气中的氧发生反应,尽管氧是可得到的。由此看来,量热值(ΔH_e)在炸药领域起到了非常重要的作用,我们不得不处处谈论它。

2.3.3.1　量热值需要标准化

ΔH_e和ΔH_c由量热弹实验测得,实验步骤可从有关火炸药的标准书中找到。在确定量热值的过程中,炸药或火药的质量是固定的(一般约2.5g),引发和爆燃(Exploded)之前,用氮气或氦气充满量热弹,以保证在爆炸的时间内,没有残存空气中的氧存在于系统中。释放的热由测得的量热器中水的升温计算得到。获得的量热值主要针对的是放热反应,其中所用水以液体形式为宜。在ΔH_c(量热值)确定过程中,为保证完全燃烧,在火炸药引发之前,应使用过量的氧气冲扫量热器。

已知某炸药化合物,其ΔH_c是标准值,而ΔH_e不是。这就需要在测定ΔH_e时,使其测试条件标准化。假定在第一个实验中取2.5g炸药,在一个量热弹中进行ΔH_e测量,该量热弹的体积为700cm^3(即:炸药的装填密度为2.5/700g/cm^3),得到的量热值为Q_1cal/g。如果重复该实验,即在同样的量热弹中用5g同样的炸药(装填密度为5/700g/cm^3,是第一个实验的2倍),则测得的量热值将不同,为Q_2cal/g。在第二个实验中,爆炸后产物气体的压力将高于第一个实验的压力,因为装填密度增加了。在较高的压力下,产物气体(CO、CO_2、H_2O的混合物,在低氧平衡的炸药中可能还有一些H_2和C存在)经历了一个平衡移动,产生的热输出不同。因此,量热实验应该在标准条件下进行,尤其是要有相同的装填密度。(在ΔH_c的测定中,该问题不存在,因为所有的产物都是在完全氧化的条件下得到的。)

2.3.3.2　微分爆热

Schmidt提出了一个含或不含炸药组分的火药近似爆热的简化方法。该方法中,微分爆热被分配给每个组分,具有高负氧平衡的材料(如安定剂、凝胶剂)被指定为负值。火药爆热的计算按照每个组分各自的百分数,依据比例各组分微分值加和而得。

令人感兴趣的是,含有NG(它有正氧平衡)的配方,其爆热值远大于计算值,因为来自NG中所剩余的氧会和其他组分中的碳反应,产生更多的热。

2.3.4　氧平衡

一个化合物中的氧用来完全氧化可燃元素生成CO_2、H_2O等之后,单位质量化合物中有多余或不足的氧量(百分数),即称为那个化合物的氧平衡OB。

如果这个化合物分子中的氧少于该化合物完全氧化所需的氧,则称这个化合物是负氧平衡的,反之为正氧平衡的。

例2.1:NG(图2.6)存在正氧平衡,它的爆炸反应可以写为

$$C_3H_5(NO_3)_3 \rightarrow 3CO_2 + \frac{5}{2}H_2 + \frac{3}{2}N_2 + \frac{1}{4}O_2(+\text{热})$$

相对分子质量为227.1

我们发现227.1g NG(NG的摩尔质量)在其分子中有足够多的氧,分别完全氧化C和H生成CO_2和H_2O后,尚有多余的氧($1/4O_2 = 8g$氧)放出。

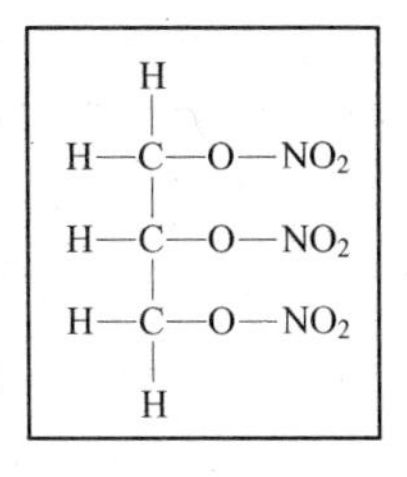

图2.6 硝化甘油

227.1g NG放出$8gO_2$,因此100g NG放出

$$8/227.1 \times 100g\ O_2 = 3.5\%$$

$$NG的\ OB = +3.5\%$$

例2.2:梯恩梯(TNT,图2.7)有负的氧平衡。在TNT分子($C_7H_5N_3O_6$)中,可看到氧原子数(6个)是非常不够的,不能完全氧化7个碳原子(7个碳原子需要14个氧原子,$7C \rightarrow 7CO_2$)和5个氢原子(5个氢原子需要5/2个氧原子,$5H \rightarrow \frac{5}{2}H_2O$),与$14 + \frac{5}{2}$(即$\frac{33}{2}$)个氧原子比较,TNT仅有6个氧原子实现完全氧化,这缺少的氧原子(即$\frac{33}{2}$vs 6,亦即$\frac{21}{2}$个氧原子,$\frac{21}{4}$个氧分子)必须被写在TNT燃烧方程的左边,如下所示:

$$C_7H_5N_3O_6 + \frac{21}{4}O_2 \rightarrow 7CO_2 + \frac{5}{2}H_2O + \frac{3}{2}N_2$$

(相对分子质量为227.1)

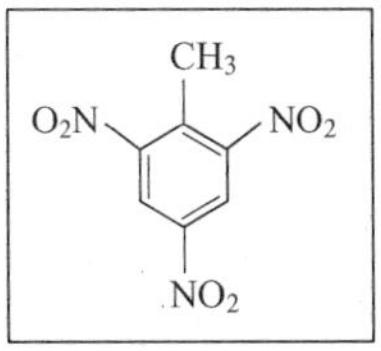

因此,227.1g TNT需要168g氧气(相对应$\frac{21}{2}$个氧原子),而100g TNT需要$168/227.1 \times 100 = 74g$氧气。故而TNT的氧平衡为$-74\%$。

图2.7 TNT

对分子式为$C_xH_yN_wO_z$的CHNO炸药来说,氧平衡的百分数由下式得到:

$$OB\% = \frac{100 \times 氧的原子质量}{化合物的相对分子质量}\left(z - 2x - \frac{y}{2}\right)$$

OB是含能材料最重要的参数之一,对于爆炸性化合物来说理想的OB是0。当OB为负值时,爆炸产物中含有未完全氧化的CO,可能还会含有H_2。这意味着如果有更多的氧,就可以在进一步氧化CO和H_2产生CO_2和H_2O的过程中获得更多的热量。当化合物的OB为正值时,完全氧化反应后多余的氧气(如NG)不再有任何作用,在分子中作为"呆重"(Dead Weight)存在。

图2.8显示,在给定质量炸药的爆炸反应中所获取最大热值时,炸药的OB值为0。然而,除了NG以外,已知的多种炸药的OB值为负值(如硝化纤维素NC大约为-28%,TNT为-74%,RDX为-21.6)。因此,配制一种OB值为0的军用炸药或推进剂配方是不可能的,它们大多数为负氧平衡。后续部分我们将会看到,一个单位质量的炸药或推进剂中产生的气体摩尔量(n)也是和热输出同样重要的因素。在一次爆炸/爆燃中产生的n值越高,含能材料的性能就越好。自然地,对于1g炸药或推进剂,更高的n值意味着气相产物有更低的平均相对分子质量(M)。n的值在炸药和推进剂领域中有着重要作用。因此,如果我们得到更小分子如CO

和 H_2 而不是 CO_2 和 H_2O，我们必须记住在失去了热输出的同时，至少在一定程度上得到了更高 n 值所带来的输出功的补偿。

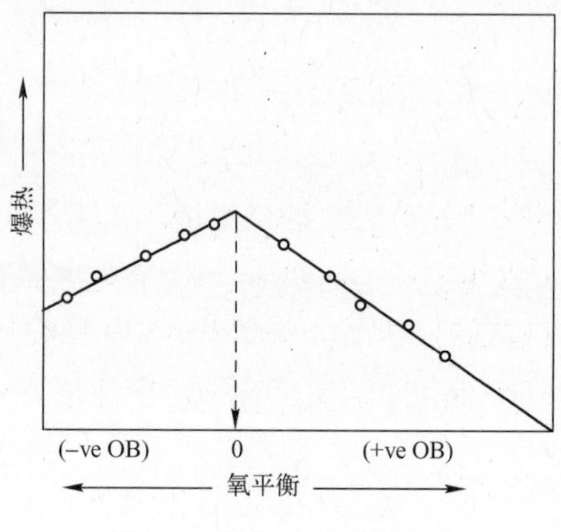

图 2.8 爆热对氧平衡作图

另一方面，在商业炸药中氧平衡不能为过大的负值，而应该接近于零。负氧平衡带来的大量 CO 甚至 N_2O 等有毒气体是不可接受的。

实例 2.1

计算 RDX 的以下参数：(1) 氧平衡；(2) 爆热；(3) 燃烧热。

（已知：RDX、CO、CO_2 和 H_2O 的生成热分别为 +16.09、-26.71、-94.05 和 -67.42kcal/mol）

(1) 黑索今的分子式为 $C_3H_6N_6O_6$，相对分子质量为 222。

它需要 3 个氧原子完全氧化 C 和 H 并分别生成 CO_2 和 H_2O，燃烧方程为

$$C_3H_6N_6O_6 + 3/2O_2 \rightarrow 3CO_2 + 3H_2O + 3N_2 (+\Delta H_c)$$

222g 的 RDX 需要 48g 氧气。

因此，100g 的 RDX 需要 48/222×100g 氧气 = 21.6g 氧气。

因此，RDX 的氧平衡为 -21.6%。

(2) 燃烧热（ΔH_c）。从上面的方程可以写出

$$\Delta H_c = \sum (\Delta H_f)_{产物} - \sum (\Delta H_f)_{反应物}$$

$$\Delta H_c = [(3 \times -94.05) + (3 \times -67.42)] - (16.09)$$

$$= -500.5 \frac{kcal}{mol} = -\frac{500500 cal/mol}{222} = -2255 cal/g$$

(3) 爆热（ΔH_e，没有外部氧气参与反应）。

RDX 的爆炸反应可以写成

$$C_3H_6N_6O_6 \rightarrow 3CO + 3H_2O + 3N_2 (+\Delta H_e)$$

$$\Delta H_e = \sum (\Delta H_f)_{产物} - \sum (\Delta H_f)_{反应物}$$

$$\Delta H_e = [(3 \times -26.71) + (3 \times -67.4)] - (16.9) = -298.4 \frac{kcal}{mol}$$

$$= -\frac{298400\text{cal/mol}}{222} = -1344\text{cal/g}$$

燃烧热比爆热多68%。

2.3.5　爆热:取决于生成热和氧平衡

2.3.5.1　平衡

从图2.8中可以看到,爆热取决于氧平衡,在氧平衡为0时有最大值。ΔH_f值对于所有含能材料都是非常重要的,即使是新的或潜在的目标合成化合物炸药,大量的计算机计算得到了这些化合物的生成热,这是为了让炸药有一个正的生成热(或较低的负值)以确保在爆炸反应中得到更多的热量。

图2.9定性说明了生成热对爆热的影响。炸药A从元素形成(生成热为$+x$),在爆炸中形成稳定的产物(爆热为a)。类似地,拥有负生成热($-x$)的炸药B,其爆热(b)远小于炸药A。因此,一种炸药拥有更高的爆热,则要拥有正的生成热。

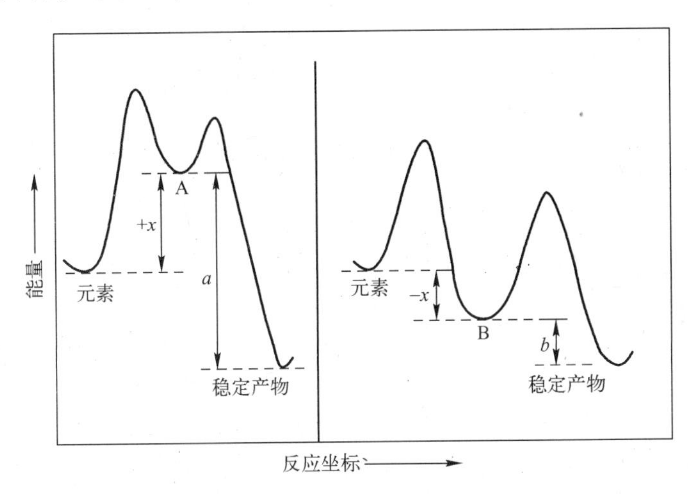

图2.9　生成热对爆热的影响

然而存在少数的例外,如叠氮化铅是吸热化合物(生成热为+340cal/g),而NG是放热化合物(−392cal/g),它们的爆热分别为−381cal/g和−1617cal/g。这意味着尽管叠氮化铅有正的生成热,其在爆炸中的热输出远低于负生成热的NG。这是因为NG的分子拥有足够的氧原子,导致了在放热中对C和H原子高度氧化;而尽管叠氮化铅有正的生成热,但是即使一个氧原子也不能提供,叠氮化铅有限的热输出是其叠氮键的断裂给予的。

Edward Baroody和他的同事对生成热和氧平衡对爆热的联合效应进行了研究。图2.10展示了一些著名的CHNO炸药的生成热和氧平衡。由图中可以看出,化合物的能量输出越高,就越靠近图的右上角;能量输出越低的化合物就越往左下角靠近。

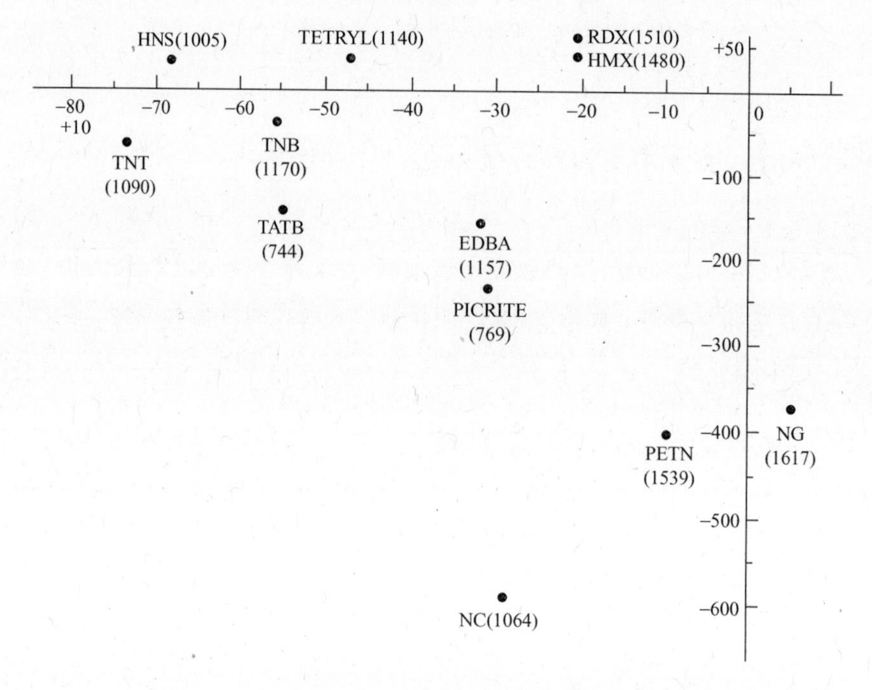

图 2.10　生成焓(ΔH_f)与氧平衡(OB)对爆热的影响

(x 轴:OB%,y 轴:ΔH_f[cal/g],ΔH_e值以 cal/g 为单位在括号中给出)

2.3.6　混合炸药的氧平衡

出于军事和工业应用的目的,大多数情况下使用的是不同炸药和其他化学物质的混合物,而不是某种单一的炸药,术语称为“混合炸药”。一个常见的例子就是 B－3(Composition B－3),一种由 RDX 和 TNT 以 64/36 比例混合的炸药。这种复合物的氧平衡为－40.5%。另一个例子,ANFO 是一种粒状硝酸铵(AN)和燃油(FO)的简单混合物,经 94/6 的 AN/FO 比例混合后拥有接近 0 的氧平衡。6% 的燃油对于 ANFO 至关重要,将单独粒状硝酸铵的爆热从 0.35kcal/g提高到了 ANFO 的 0.89kcal/g。表 2.2 列出了一些常见的混合炸药以及它们的氧平衡值。

2.3.7　氧平衡与危险性评估

在 1949 年 *Chemical Reviews* 的文章中,W. C. Lothrop 和 G. R. Handrick 展示了几类有机炸药的氧平衡与不同测试方法下爆炸效果的定量关系。该研究是根据第二次世界大战期间积累多年的炸药研究数据进行的。多种炸药化合物的属性被参考与关联。作者指出,氧平衡作为一个标准,不仅与新炸药成分的威力有关,而且与它们的起爆有着粗略的关系(表 2.3)。

表 2.2　混合炸药及其氧平衡(OB)

商用名	复合物	经验式	OB/%
AMATOL	80/20 AN/TNT	$C_{0.62}H_{4.44}N_{2.26}O_{3.53}$	1.1193
ANFO	94/6 AN/FO	$C_{0.365}H_{4.713}N_{2.0}O_{3.0}$	-1.6253
COMP A-3	91/9 RDX/WAX	$C_{1.87}H_{3.74}N_{2.46}O_{2.46}$	-50.3723
COMP B-3	64/36 RDX/TNT	$C_{6.851}H_{8.570}N_{7.6}50O_{9.3}$	-40.4606
COMP C-4	91/5.3/2.1/1.6 RDX/二(2-乙基己基)癸二酸酯/聚异丁烯/车用机油	$C_{1.82}H_{3.54}N_{2.46}O_{2.51}$	-46.3755

表 2.3　氧平衡与危险等级关系

氧平衡值	危险等级
>+160	低
+160 ~ +80	中
+80 ~ -120	高
-120 ~ -240	中
<-240	低

表 2.3 显示,一种炸药成分的氧平衡越接近 0,起爆的危险性就越大。

2.3.8　气相产物的组成

炸药爆炸或推进剂燃烧时,有必要知道气相产物的组成以计算爆热和其他性能参数。因为许多炸药为负氧平衡,在爆炸中 C、H 和 CO 存在对炸药分子中有限的氧的激烈竞争。在可能的氧化反应中(如 $H \rightarrow H_2O$, $C \rightarrow CO$, $CO \rightarrow CO_2$),顺序的优先取决于炸药的氧平衡,以及在某种程度上取决于装载密度。由于副反应(如水气反应)的发生和化学平衡的移动,反应环境变得复杂起来:

$$CO + H_2O \rightarrow CO_2 + H_2 (+9.8\text{kcal})$$

$$2CO \rightarrow CO_2 + C (+41.2\text{kcal})$$

$$CO + 3H_2 \rightarrow CH_4 + H_2O (+49.2\text{kcal})$$

$$2CO + 2H_2 \rightarrow CH_4 + CO_2 (+59.1\text{kcal})$$

虽然目前开发出的数据库和软件通过计算机计算可以精确或至少接近精确得到气相产物的组成,G. B. Kistiakowsky 和 E. B. Wilson 根据氧化反应的优先顺序的假设仍然是一种很好的近似。

对于氧平衡低于 -40% 的炸药:

$H \rightarrow H_2O$ > $C \rightarrow CO$ > $CO \rightarrow CO_2$

第1步　　第2步　　第3步

对于氧平衡高于 -40% 的炸药:

$C \rightarrow CO$ > $H \rightarrow H_2O$ > $CO \rightarrow CO_2$

第1步　　第2步　　第3步

在炸药爆炸的情况下，尤其是高密度时，Kamlet 和 Jacob 假设了一种不同的顺序——CO_2优先于 CO 生成。Kamlet - Jacob 方法用这种假设估算炸药的爆速和爆压。

2.3.9　氧平衡的意义和局限性

氧平衡可以用于优化混合炸药的组成。炸药家族中的“amatol”指的是 AN 和 TNT 的混合物。AN 的氧平衡为 +20%，TNT 的氧平衡为 -74%，因而极度缺少氧；因此，这两种炸药混合物的氧平衡为 0 时会得到最好的爆炸性能。在实践中，80% 的 AN 和 20% 的 TNT 的混合物氧平衡为 +1%，在所有混合比例中是性能最佳的，增强了 TNT 30% 的威力。

氧平衡可以提供释放气体类型的信息。氧平衡的概念在配制最小毒气量的炸药中作为第一准则尤其有效。有过剩氧的炸药会产生有毒的 CO 和 CO_2；缺氧的炸药会产生有毒的 CO。地下通风较差时使用的炸药的配制应产生最小总毒气量。如果氧平衡为很大的负值，那么没有足够的氧用于 CO_2的生成，结果会造成有毒气体如 CO 的释放。这对于商用炸药来说非常重要，因为释放毒气的量必须被控制到最小。

感度、猛度（破碎力，Shattering Power）和威力（Strength）是由复杂爆炸化学反应导致的性能。因此，不能简单地归结于氧平衡常数而得到普遍统一的结果。当使用氧平衡来预测一种炸药相对于另一种炸药的性能时，可以预测氧平衡更接近于 0 的炸药会拥有更高猛度、威力和感度；然而，许多例外仍然存在。

2.3.10　爆炸温度/火焰温度的计算

枪管中燃烧的发射药的气相产物温度在研究弹道学和枪管的腐蚀中相当重要。同样，高能炸药的爆炸温度也是一个重要参数，因其与炸药的威力有关。让我们来了解爆炸/火焰温度在两种不同条件下的变化——恒定体积和恒定压力。

实例 2.2（恒定体积）

当一定量的炸药在一个封闭的绝热容器中爆炸，设产生的总热量为 x 卡路里。这个爆热用于增加气体的内能。因为温度是衡量系统内能的一个有效参数，爆热增加了爆炸产生的气体的温度。分解产物的最高温度称为“爆炸温度”和“火焰温度”，分别对应于炸药和推进剂。更具体地说，这个温度也被称为“绝热等容火焰温度”（绝热，热隔离的——没有热量逸出或进入到系统中；等容，体积恒定），简写为 T_v。炸药的等容火焰温度各不相同，可以低至 2500℃（如硝基胍），也有高达 5000℃的（如 NG）。

实例 2.3(恒定压力)

让我们想象一下,当相同量的炸药在另一个配备有可移动活塞的类似于内燃机的容器中引爆会发生什么。产生出的相同量的热(x 卡路里)把气体产物加热到了高压,但是随后这些自由活动的气体移动了活塞并做膨胀功。因此,仅仅部分热量用于增加气体的内能(如火焰温度),剩下的部分转化成了功。显然,因为在这两种情况下产生的热是一样的,实例 2.3 中的火焰温度——绝热等压火焰温度,T_p(等压,恒定压力)比 T_v低。

上述两个实例可以写为

实例 2.2　　$\Delta H_e = \Delta E_v$(温度T_v)　　(2.3)

实例 2.3　　$\Delta H_e = \Delta E_p + P\Delta V$(温度$T_p$)　　(2.4)

ΔE_v和 ΔE_p分别代表恒容和恒压下气相产物增加的内能。$P\Delta V$ 代表在压力 P 下气体增加体积 ΔV 时做的膨胀功。

$P\Delta V$ 指的是一个系统所做的有用功,在含能材料领域,对于高能炸药而言它是爆炸功,对于发射药而言它是抛射推力,对于推进剂而言它是自推进动力。

T_p和 T_v的关系如下:

$$\frac{T_v}{T_P} = \gamma \tag{2.5}$$

γ 是恒压和恒容下气相产物比热容(C_v和 C_p)的比值(即气相产物的 C_p/C_v)。

2.3.10　爆炸温度/火焰温度的计算

假设在一次爆炸反应中,产生的 CO、H_2O 和 CO_2相对分子质量分别为 n_1、n_2和 n_3摩尔,火焰温度为 T_v。在爆热 ΔH_e释放后,气体冷却至环境温度 T_a。这一过程可以表示为

T_v ——ΔH_e的释放(恒容条件下)——→ T_a

相反地,我们可以想象上述气体被热量 ΔH_e从 T_a加热到 T_v。加热气体需要的总热量可以通过把产生的气体的摩尔量、摩尔热容和增加的温度相乘得到。如果 CO、H_2O 和 CO_2的摩尔热容分别为$(C_v)_{CO}$、$(C_v)_{H_2O}$和$(C_v)_{CO_2}$,那么可以写为

$$\Delta H_e = n_1(C_v)_{CO}[T_v - T_a] + n_2(C_v)_{H_2O}[T_v - T_a] + n_3(C_v)_{CO_2}[T_v - T_a]$$

即

$$\Delta H_e = \sum C_v \times (T_v - T_a)$$

其中,$\sum C_v$就是产生气体的摩尔热容。

以上方程可以重新写为

$$T_v = \frac{\Delta H_e}{\sum C_v} + T_a \tag{2.6}$$

因为 T_a 和$\sum C_v$是恒定的,从式(2.6)中可以看出 T_v和 ΔH_e线性相关,如下面的

例子所示。

1. 根据爆炸产物的摩尔内能计算 T_v

标准表(参考 Explosives, Rudolf Meyer,第四版,35 号表)给出了反应产物摩尔内能与温度的关系(表 2.4)。计算 T_v最好的方法就是根据表 2.4 绘制爆热对不同温度的图。从线形图中,我们可以根据实验测得的爆热值得到 T_v值。

表 2.4　产物的摩尔内能 $C_v(T-T_a)$;$T_a=25℃(\approx300K)$

温度/K	爆炸产物的摩尔内能/(kcal/mol)			
	N_2	H_2O	CO	CO_2
2500	13.15	18.43	13.33	24.34
3000	16.57	23.81	16.78	30.81
3500	20.05	29.37	20.27	37.43
4000	23.79	35.03	23.79	44.13
4500	27.08	40.76	27.33	50.88
5000	30.62	46.54	30.88	57.67

实例 2.4

计算 PETN 的恒容和恒压火焰温度。

(已知:PETN 的爆热为 1510cal/g。)

PETN, $C(CH_2ONO_2)_4$或 $C_5H_8N_4O_{12}$,经历如下爆炸反应:

$$C_5H_8N_4O_{12}\rightarrow 2N_2+4H_2O_{(v)}+2CO+3CO_2$$

(摩尔质量 =316.1)　(共计 11mol 气体)

我们需要以卡路里每摩尔为单位的爆热值

$$\Delta H_e=1510\text{cal/g}=\frac{1510}{1000}\times316.1=477.3\text{kcal/mol}$$

炸药的最小和最高火焰温度大约分别为 2500K 和 5000K。我们不知道 PETN 实际的火焰温度,尽管我们知道它处于 2500~5000K 之间。使用表 2.4,可以计算预期的 PETN 在火焰温度为 2500K、3000K、3500K、4000K、4500K 或 5000K 时的爆热值。

例如,在 2500K(或火焰温度 2500K)时,产物 $2N_2+4H_2O+2CO+3CO_2$的预期量热值输出为

$$\Delta H_{e(2500)}=2(13.15)+4(18.43)+2(13.33)+3(24.34)\text{kcal/mol}=199.70\text{kcal/mol}$$

在 3000K、3500K、4000K、4500K 和 5000K 时通过类似计算得到的爆热值分别为 254.37kcal/mol、310.41kcal/mol、367.67kcal/mol、424.50kcal/mol 和 482.17kcal/mol。将 call 值对设定的 T_v作图得到一条直线(图 2.11)

因为实验确定的爆热值为 477.3kcal/mol,可以从图中读出实际的 T_v约为 4960K。

2. 计算 T_p

因为 T_p和 T_v由式 $T_v/T_p=\gamma$ 相关联,我们应该计算所有产物的 γ 的平均摩尔

量。N_2、H_2O、CO 和 CO_2的 γ 值分别为 1.404、1.324、1.404 和 1.304。产物的摩尔平均值可以写为(记住产物气体总共有 11mol)

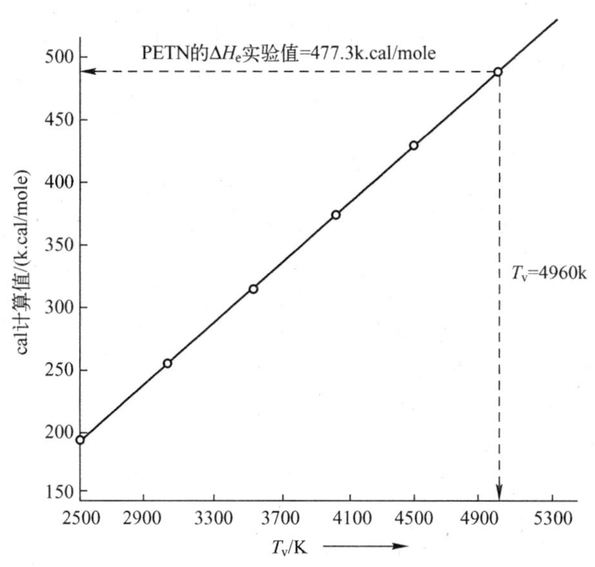

图 2.11　计算得到的 cal 值对 T_v作图

$$\gamma = \left(\frac{2}{11} \times 1.404\right) + \left(\frac{4}{11} \times 1.324\right) + \left(\frac{2}{11} \times 1.404\right) + \left(\frac{3}{11} \times 1.324\right) = 1.348$$

$$T_p = T_v / \gamma = 4960/1.348 = 3680\text{K}$$

上述的火焰温度计算方法可以应用于炸药和推进剂的成分,只要我们知道它们的爆热值以及气体产物的组成。

3. C_v值的影响

从一种炸药的分解过程中可以观察到一个有趣的状况:如果气相产物有更小的相对分子质量,火焰温度会有略微的增加。相对分子质量越小,气体的比热容越小,因此火焰温度会有略微提高(因为 $T_v = \Delta H_e / \sum C_v + T_a$)。

4. γ 值

气相产物的 γ 值,也就是 C_p对 C_v的比值,在炸药和火药的能量参数中有着决定性的重要作用。γ 随着温度增加而减小,随着压力增加而增大。然而,在炸药和火药的燃烧过程中(高温高压的环境中),这种增大/减小可以通过合理的近似,使用室温和爆炸条件下的外界压力得到的气相产物的 γ 值。对于大多数的 CHNO 炸药,这个值在 1.3~1.4 之间。

然而,在爆炸/冲击波这种压力显著高的区域,成百上千个大气压的数量级,γ 值急剧增大到接近 3。

注:“爆炸温度”和“火焰温度”对于给定的含能材料几乎是一样的,因为它们指的都是爆炸产物被爆热绝热加热得到的温度。但是,“爆发点”这一术语(有时

也被称为“烤燃温度”)指的是炸药在一定速率被加热时开始自燃的温度。例如,NC 的爆炸温度大约为 3470K,然而它在 5℃/s 的升温速率下爆发点大约为 170℃,即当 NC 的温度达到 170℃时,可发生自燃。炸药爆发点的值根据热交换条件和样品几何结构会略有不同。

2.3.11 气体体积

当一定量的炸药发生爆炸分解时,会形成高温高压的气相产物。在高压的作用下,气体会膨胀直到降至大气压力,并在膨胀的过程中做功。相对于这些气体产物,(固体)炸药的体积几乎可以忽略,因此得到

$$PV = nRT$$

式中,P、V、n、R 和 T 分别为膨胀后的终态压力、终态体积、气相产物的摩尔量、气体常数和终态温度。膨胀后气相产物的体积通常在 1bar 和 273K 的条件下计算(即标准温度和压力(NTP))。对于炸药来说,V 的值从 700mL/g 到 1000mL/g 不等。这意味着对于大多数炸药来说,在常压和 273K 条件下,1g 炸药爆炸产生的气体可以占满 700~1000cm^3 体积的空间。

实例 2.5

计算 RDX($C_3H_6O_6N_6$)爆炸气相产物的摩尔量和体积。

RDX 爆炸方程为

$$C_3H_6O_6N_6 \rightarrow 3CO + 3H_2O(v) + 3N_2$$

(摩尔质量为 222)

包括气态水,总共有 9mol 气相产物。作为通常练习,这里虽然我们在 NTP 条件下计算,水仍然作为水蒸气处理。

$$222\text{gRDX} \rightarrow 9\text{mol 气体(NTP 条件)}$$

因此 $$1\text{gRDX} \rightarrow 9/222\text{mol 气体(NTP 条件)}$$

代入阿伏伽德罗常数 $R \rightarrow \frac{9}{222} \times 22400\text{cm}^3\text{(NTP 条件下气体)} = 908\text{cm}^3$

RDX 爆炸产物的气体体积 = 908mL/g。

从理想气体状态方程中可以看出,在给定的温度和压力下,气体体积直接取决于气相产物的摩尔量。因为产生的体积与膨胀做功正相关,我们可以认为分解产生气体摩尔量更多的炸药(每克)具有更好的作功潜能。每克炸药生成越多气体,实际上意味着气相产物的摩尔质量越小。

2.3.12 神奇的 *nRT*

在 2.3.10 节中,我们提出了在恒压下关联 ΔH_e 和 ΔE 的方程式:

$$\Delta H_e = \Delta E + P\Delta V$$

ΔV 指的是固体炸药转变成气相产物的体积变化。相对于气相产物的体积,固

体炸药的体积可以被忽略(1g RDX 的体积仅有 0.56cm^3,爆炸后气相产物的体积为 908cm^3)。因此,在上述方程中,ΔV 可以改为 V,也就是气相产物的体积,即

$$\Delta H_e = \Delta E + PV$$

又因为 $PV = nRT$,所以

$$\Delta H_e = \Delta E + nRT$$

nRT 实际上是炸药分解的工作因子。这个术语在含能材料中非常重要。根据不同的命名法,它以不同的形式存在,显示了其重要性。在我们将要见到的各个章节中,nRT 因子可以为下述形式:

(1) 比内能,决定了高能炸药的威力或释能功率;

(2) 动量,或力常数,在发射药中决定了出膛速度以及子弹的射程;

(3) 在火箭推进剂中与比冲(I_{sp})直接相关的一个参数,任何火箭推进剂的极限能量。

虽然在前两个例子中我们处理的几乎是恒容的条件(火焰温度:T_v),在火箭推进剂的研究中我们会遇到恒压条件(火焰温度:T_p)。这些将在后续各个章节中进行更深入的讨论。关键信息是:如果我们想让一种含能材料有更好的做功潜能,它的 nRT 值必须更高,这意味着对于给定的炸药/火药,应该产生更多摩尔量的气体及产生更高的火焰温度(恒压或恒容条件决定方程)。

生成能(ΔE_f) vs 生成热(ΔH_f):我们在 2.3.2 节中定义了 ΔH_f并阐明了其重要性。现在,理解了 ΔH 和 ΔE 作为恒压或者恒容条件下能量转换的不同后,让我们来看看生成能(ΔE_f)和生成焓(ΔH_f)之间的关系。

“ΔE_f和 ΔH_f是每摩尔化合物的组成元素在标准状态(25℃和 1 个大气压)并在恒压或恒容下分别形成该化合物时吸收或产生的热量。”

实例 2.6

RDX 的生成焓为 76.1cal/g,计算它的生成能。

(已知:RDX 化学式为 $C_3H_6N_6O_6$,摩尔质量为 222.1。)

形成 RDX 的化学方程为

$$3C + 3H_2 + 3N_2 + 3O_2 \rightarrow C_3H_6N_6O_6$$

因为 C(碳)和 $C_3H_6N_6O_6$(RDX)在标准状态下是固体,气相化合物的摩尔量变化为

$$\Delta n = \text{气相产物摩尔量} - \text{气相反应物摩尔量} = 0 - (0 + 3 + 3 + 3) = -9$$

因为 $\Delta H = \Delta E + \Delta nRT$(理想气体常数 $R = 1.987$cal/(K · mol),标准温度 $T = 25℃ = 298K$),可以得到$(76.1 \times 222.1) = \Delta E + (-9)(1.987)(298)$。(注:在与 RDX 的分子质量相乘时,cal/g 必须转换成 cal/mol。)

$$16902 = \Delta E - 5329$$

因此

$$\Delta E = 22231 \text{cal/mol} = \frac{22231}{222.1} \approx 100 \text{cal/g}$$

RDX 的生成能 $\Delta E_f = 100\text{cal/g}$。

根据炸药的生成能及其爆炸分解产物,可以计算它们的爆热,并进行分解反应的热动力学计算。

2.3.13 爆压

当一种炸药在密闭容器中发生爆燃时,生成的大量高温气体会产生高压。因为气体产物膨胀会做有用功,例如枪管中发射子弹的推力所做的功正比于压力,因此这个压力是一个重要的参数。爆炸产生的压力 P_e 定义为给定质量的炸药在绝热条件下固定体积的密闭容器中燃烧时所产生的最大静态压力。这个过程的气体状态方程可以写为

$$P_e(V^* - \alpha) = nRT_e$$

式中,V^* 为密闭容器的体积;由于高压使气体倾向于非理想状态,因此对气体体积进行修正,α 为余容校正。对于在爆炸、爆轰和爆燃中产生气体的非理想行为,我们将在后续章节中进行详细讨论。

(注:爆压不应与爆轰压相混淆,后者指的是存在于爆轰区内的,冲击波在爆炸物介质中传播造成的压力,我们将在下一章进行讨论。)

2.3.14 密度

密度是炸药和火药中一个重要的特征量。高能炸药密度的提高会增加它的爆速(VOD)和破坏力(破坏性的破碎效果)。炸药的实际密度指的是“理论最大密度”(TMD),可以准确地由传统方法测出。然而,当一种炸药配方经过处理并装填于弹头时,由于细小空隙的存在,炸药配方的密度会略有降低。因此最大化装填即是使炸药配方的密度最大化以尽可能接近于 TMD。

此外,对于火药来说,密度越高,输出性能就越高。例如,对于固定体积枪用子弹的装药,发射药的密度越高,装填的质量就越大。对于火箭推进剂来说,虽然固体火箭推进剂是含能的,但如果密度太低,会导致固定体积的火箭发动机内可装载的推进剂药柱质量偏小而无法达标。因此,在含能材料领域,密度这一参数与能量本身同样重要。

炸药的结构取决于其分子的性质和晶格排列或填充的方式,尤其是相对分子质量和体积(有效摩尔体积)。L. T. Eremenko 确定了炸药密度(液态或固态)与它们的氢含量之间的线性关系,根据炸药的分子结构将它们分为 12 组(包括脂肪族和芳香族,取代基对称和不对称,等),并形成了如下经验方程:

$$\rho = a_i - K_i H$$

式中,ρ 为在 TMD(最大理论密度)下计算得到的炸药密度;a_i 和 K_i 为常数,其值取决于分子的结构/官能团/同系物;H 为分子中氢的质量分数(通常来说$\%H$ 在 0~6 之间)。据称该经验方程的误差在 2% 之内。

综上所述，含能材料的几个重要参数决定了其最终性能特征。它们之间的关系如图 2.12 所示。

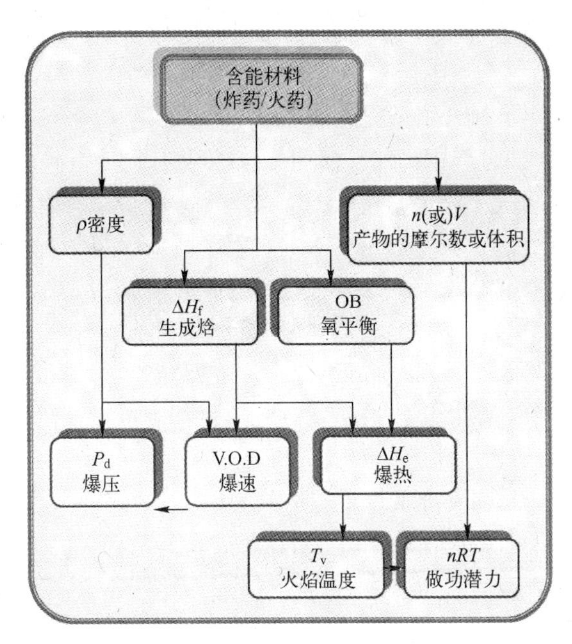

图 2.12　含能材料的参数和性能特征的相互关系

重要术语总结

1. 反应热

化学反应中放出或吸收的热量称为“反应热”。

2. 反应焓

当化学反应在恒压下发生时，它的反应热称为“反应焓”。

3. 吸热反应

反应从环境中向反应物提供能量以生成产物，这个反应称为“吸热反应”。

4. 放热反应

反应随着产物的产生释放热能，这个反应称为“放热反应”。

5. 热

热是能量的一种形式，可以通过做功获得，但是不能完全转换成有用功，热只能部分转化成为功。从这个方面来说，热与其他形式的能量有所不同。

6. 能量

系统的能量可以定义为“能够做功的任何性质”。能量有多种形式，包括热能（热）、机械能、电能、化学能等。能量可以定量转化成为功，也能通过做功获得。

7. 内能

内能是系统中的总能量，来源于系统中分子的平动、振动、转动和分子间作用力。

8. 共振

共振指的是在固定的骨架结构中，由于双键的迁移性，导致几种连接方式可能同时存在。用更现代化的术语来说，分子额外的稳定性是由非定域分子轨道的 π 电子带来的。

9. Hess 定律

如果一个化学反应由几个步骤组成，则在每个步骤释放热量的代数和等于反应直接发生时释放的总能量

10. 燃烧热(ΔH_c)

1mol 化合物在过量氧中完全燃烧释放的热量称为"燃烧热"。

11. 氧平衡

一个化合物中的氧用来完全氧化可燃元素生成 CO_2、H_2O 等之后，单位质量化合物下有多余或不足的氧量(百分数)，即称为那个化合物的氧平衡 OB。氧平衡是炸药提供自身所需氧化剂的定量方法。

12. 爆炸温度

分解产物可以升到的最高温度，对于炸药称为"爆炸温度"，对于火药则称为"火焰温度"。

13. 绝热恒容火焰温度

炸药在绝热、恒容条件下爆炸产物的火焰温度称为"绝热恒容火焰温度"，简写为 T_v。

14. 绝热恒压火焰温度

炸药在绝热、恒压条件下爆炸产物的火焰温度称为"绝热恒压火焰温度"，简写为 T_v。

15. 爆发点/自燃温度

炸药在一定速率被加热时开始自燃的温度。

16. 爆压 P_e

给定质量的炸药在绝热条件下固定体积的密闭容器中燃烧时所产生的最大静态压力，称为爆压。

推荐阅读

任何物理化学方面的标准图书都会讨论热化学的各个方面。除此之外，读者也可以参考如下书籍。

[1] A. Bailey, S.G. Murray, Explosives, Propellants, and Pyrotechnics, Pergamon Press, Oxford, New York, 1988.
[2] Service Textbook of Explosives, Min. of Defence, Publication, UK, 1972.
[3] Structure and properties of energetic materials, in: D.H. Liebenberg, et al. (Eds.), Materials Research Society, 1993. Pennsylvania, USA.
[4] P.W. Cooper, Explosives Engineering, VCH, Publishers Inc., USA, 1996.
[5] B. Siegel, L. Schieler, Energetics of Propellant Chemistry, John Wiley & Sons. Inc., New York, 1964.
[6] S.F. Sarner, Propellant Chemistry, Reinhold publishing corporation, New York, 1966.
[7] L. Pauling, Nature of the Chemical Bond, third ed., Cornell University Press, Ithaca, 1960.

思考题

1. TNT 的爆热是 1080g/cal，1kg TNT 在 2μs 内爆炸会产生多少能量？（答案：2.2572×10^{12}W）

（注：上述问题是假设的。由于热力学第二定律的限制，不能把所有的热转化为有用功。）

2. 为什么将炸药描述为亚稳态材料？

3. 如果一个炸药化学家想要合成一种新的高性能炸药，他的目标分子需要满足什么参量？

4. 为什么含能材料最好有正的生成热？

5. 计算 PETN 的氧平衡。（答案：60.76%）

6. 一种炸药燃烧热的值是确定的，但是爆热的值却由实验条件决定，为什么？

7. 为什么氧平衡为 0 的炸药可以获得最大的爆热？

8. 恒容火焰温度和恒压火焰温度（T_v 和 T_p）分别表示什么？它们之间有什么关系？为什么 T_v 永远大于 T_p？

9. 计算 HMX（分子式为 $C_4H_8N_8O_8$）的恒容火焰温度和恒压火焰温度。（已知：HMX 的爆热为 1480cal/g。）（提示：使用 2.3.7.1 节的摩尔内能表。）（答案：$T_v\approx4580$K，$T_p\approx3326$K。）

10. 一种炸药的气体体积有什么重要性？计算 NTP（标准状况）下 1g NG（分子式为 $C_3H_5N_3O_9$）爆炸气体产物的体积，假设水都是水蒸气。（答案：715.1cm^3）

11. 什么参数决定了含能材料做功的潜能？对于高能炸药、发射药和推进剂来说，这个参数分别叫什么？

12. 理论预测分子生成热方法的是谁？

13. 测量高能炸药爆轰温度的通用方法是什么？

14. 爆炸温度和火焰温度的区别是什么？

15. 定义生成热（ΔH_f）和生成能（ΔE_f）并说明它们的相互关系。

16. 定义爆压（P_e）并写出爆炸过程的气体状态方程。

第三章 爆炸的两个方面:爆燃和爆轰

3.1 爆炸

在我们的日常生活中,爆炸是一个使用频率很高的词汇,它的同义词有“爆裂”和“爆轰”。从某个角度而言,爆炸这个词汇的使用范围很广,在不同的场景下意思不同。我们经常说“气球爆炸”、“弹头或炸弹爆炸”、“核武器爆炸”、“汽缸爆炸”、“反应容器爆炸”(更不用说它的比喻用法如“老板快爆炸了”或“妻子快爆炸了”),尽管在上述情况下,能量释放的类型、能量释放量和能量释放速率差别很大。

在准确定义“爆炸”之前,先了解一下爆炸的分类,主要有三种类型:①物理爆炸;②化学爆炸;③核爆炸。

物理爆炸通常包括系统或材料的快速变形,进而导致爆炸。例如过热水壶的爆炸,在这个过程中没有发生化学变化,仅仅是液态的水转变为气态的水。由于在沸点时气态水的体积比液态水的体积大得多,在体积一定的水壶中,水蒸气的压力太高,超过了容器材料的极限强度,进而导致能量的突然释放。

另一方面,核爆炸过程遵循著名的爱因斯坦能量转换方程,即质能方程 $E = mc^2$,由于释放巨大的热能和辐射能,其通常是灾难性的。

本章不包含核爆炸和物理爆炸,只讨论化学爆炸。化学爆炸过程中,化学反应会释放大量的热能,同时伴随着大量高温高压气体产物的生成。目前,还没有一个概念能完美地展示爆炸的特征。其中被人们普遍接受的概念如下:爆炸是物质物理化学快速转变的过程,同时伴随着内能向机械功极其迅速的转变。化学爆炸又可进一步细分为爆燃和爆轰。

大多数的化学爆炸包括快速的化学反应,并在短时间内由此反应生成大量的高温高压气体并释放大量的热量。例如,RDX(环三亚甲基三硝胺)的爆炸在几微秒时间内释放 9mol 的气体产物:

$$C_3H_6N_6O_6 \rightarrow 3CO_{(g)} + 3H_2O_{(g)} + 3N_{2(g)} + 热$$

只有在极少数的例子中,化学爆炸过程没有生成或释放少量气体产物,例如乙炔铜的爆炸,在反应物和产物中都只有固体,没有气体:

$$Cu_2C_2 \rightarrow 2Cu + 2C + 热$$

除此以外,氢气和氧气混合物爆炸生成水时,体积会减小:

$$2H_{2(g)} + O_{2(g)} \rightarrow 2H_2O_{(g)} + 热$$

上述这两个反应都是强放热反应,并且在短时间内释放大量的热量,因此会使周围的气体或空气迅速变热,产生高压激波或冲击波。

3.2 爆燃和爆轰

爆炸物是自身分子能提供氧的物质,当它们受激发或起爆时,能够猛烈燃烧(爆燃)或爆炸产生冲击波(爆轰),那么,爆燃与爆轰的区别是什么呢?

取一个火箭推进剂药柱,比如由硝化棉(NC)和硝化甘油(NG)组成的双基推进剂。当点燃其一端时,药柱即会逐层地猛烈燃烧。图 3.1 给出了爆燃过程的火焰结构示意图。

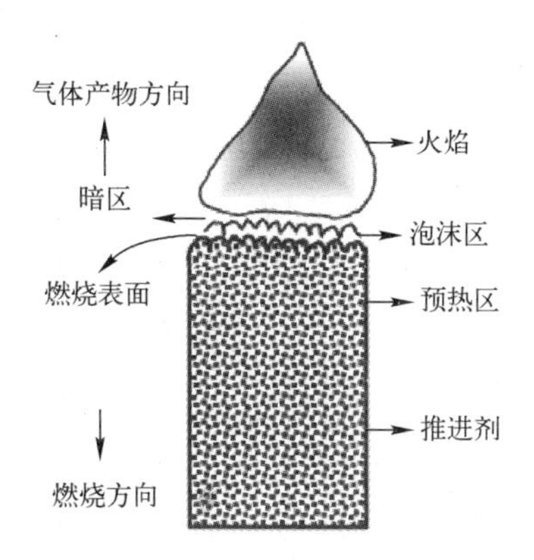

图 3.1　推进剂药柱的爆燃

爆燃具有如下几个特点:

(1) 推进剂逐层燃烧;

(2) 如图 3.1 所示,燃烧表面存在不同的区域,在各个区域中,温度、压力以及燃烧产物的组成和浓度不同;

(3) 高温气体产物生成于退化的燃面上;

(4) 爆燃的主要特征在于爆燃的速度(或是燃面的退化速度,通常用某一压力下毫米/秒表示),远低于材料的声速(例如声音在推进剂中的传播速度);

(5) 爆燃过程由火焰通过热传导、热对流和热辐射向燃面传递的热量来维持;

(6) 退化速度(燃速 r)强烈依赖于周围的压力(P),根据 Vielle 定律,双基推进剂近似服从以下方程:$r = bP^n$,式中 n 为燃速压力指数,b 为常数。n 值与推进剂组成、压力等因素有关,该部分内容会在后面有关推进剂的章节中详细介绍。

让我们再来看看爆炸物的爆轰过程会发生什么。用起爆药对三硝基甲苯(TNT)药柱起爆,爆轰过程(图 3.2)特点如下:

(1) 爆轰伴随着冲击波的产生。

(2) 冲击波前沿具有较高的温度和压力梯度(冲击区),冲击波前沿使未爆轰药柱中受冲击的炸药迅速分解。完成化学反应的区域称为化学反应区,化学反应区一般宽0.1~1.0cm,相比而言,冲击区则要窄得多(约10^{-5}cm数量级),化学反应区和冲击区一起构成爆轰区。

(3) 气态产物的流动方向与爆轰传播的方向一致。

(4) 爆轰波前沿传播的速度(爆速VOD)比声音在该材料中的传播速度(例如未爆轰TNT中的声速)要高,不同的爆炸物爆速从1500m/s到9000m/s不等。

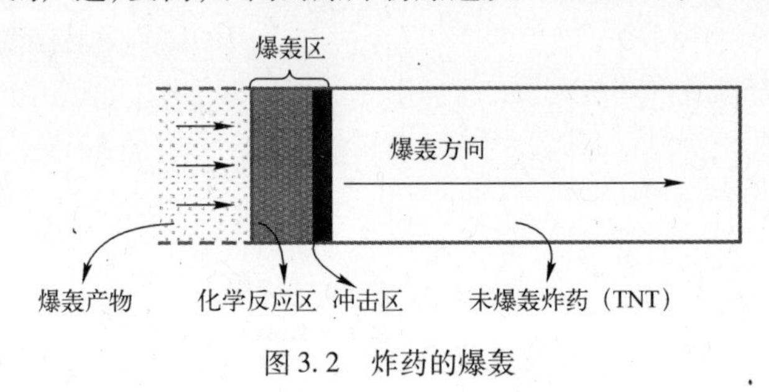

图3.2　炸药的爆轰

爆燃和爆轰的主要区别见表3.1,冲击波的本质特性将会在本章随后的小节中介绍。

表3.1　爆燃和爆轰的区别

序　号	爆　燃	爆　轰
1	表面现象 (通过逐层燃烧传播)	冲击波现象 (高速冲击波通过炸药介质传播爆轰)
2	爆燃速度低于介质中的声速	爆轰速度高于介质中的声速
3	爆燃产物的运动方向与爆燃传播方向相反	爆轰产物的运动方向与爆轰波传播方向相同

3.3　线性燃烧和聚集燃烧

在前面几章中曾提到,煤块在空气中燃烧需要一定的时间,但将煤块粉碎成超细的粉末,然后分散于空气中点火将会发生强烈的爆轰(时间小于1ms)。把一块煤粉碎成超细的粉末后燃烧特性发生变化了吗?没有,粉碎前后煤在空气中的燃烧化学相同。一块煤在大气压下以一定速度(如1mm/s)燃烧(即“线性燃烧”),无论把它粉碎成多小的颗粒,它的燃烧特性都不会改变。颗粒越细,暴露出的燃烧表面越大。假设一块煤在细化后,煤颗粒(假设成球形)的平均直径为1μm,以线性燃烧速度1mm/s速度燃烧只需要10^{-3}s。由于有大量的煤颗粒,因此当其同时点火/燃烧时,即可在1ms的极短时间内产生巨大的压力,引发压力的迅速上升(甚至在颗粒完全消耗前)。高压将声波转变成击波,导致爆轰。从我们要讨论的“质量燃烧速度”可以获知在单位时间内消耗的物质质量,它与材料的线性燃烧速度(r)、燃烧表面积(A)和密度(ρ)有关。

质量燃烧速度($\dot{m}$)可以用下式表示:$\dot{m} = rA\rho$,注意 r 和$\dot{m}$的单位分别为 mm/s 和 g/s,或 cm/s 和 kg/s。本节之所以介绍线性燃烧速度和质量燃烧速度的概念,是由于其在后面章节分别讨论的内弹道和燃烧向爆轰转变(DDT)现象中十分重要。

3.4　冲击波和爆轰波

冲击波在材料中以超声速进行扰动传播,同时伴随着压力、密度和温度的快速升高。大量能量在有限空间内瞬间释放时会产生冲击波,能量形式可以是机械能(例如超声速飞行器的飞行)、电能(例如窄通道中的放电)或化学能(爆炸物爆轰),由爆轰产生的冲击波称为“爆轰波”。因此,爆轰波是冲击波,但不是所有的冲击波都是爆轰波。当冲击波不能通过连续的能量(例如爆轰过程中,在冲击波前沿后面区域中连续释放的热化学能和气体产物反馈给冲击波)反馈来维持时,周围介质的黏性耗散导致的能量损失会使冲击波衰减成声波(例如打雷)。

爆炸物的爆轰过程需要一个冲击波去激发起爆,该冲击波可来源于邻近爆炸物的爆轰(殉爆)或爆燃(亚声速)过程,并在某些约束条件下转变为超声速扰动。上述情况下冲击波必须是超声速的。冲击波源压缩、加热并使爆炸物点燃,进而释放足够的能量和迅速膨胀的反应产物去维持冲击波(爆轰波)。

3.4.1　冲击波的概念

一维平面波的形成可以通过一个活塞以小增量从零步进加速到最终某一个固定速度来形象的解释,如图 3.3 所示。

图 3.3(a)表示活塞面的一个微小压缩导致声波的传播(速度 = C_0);图 3.3(b)中物质处于被压缩状态,相对图(a)具有更高的密度,因此声速(C_1)也比 C_0高,这就意味着波 C_1的前沿经过某一时间后会赶上 C_0波的前沿。由于活塞是连续加速运动,可以想象在活塞面这边的介质会逐渐被压缩,最终形成一系列的波,其中第一个波是未扰动介质的声速(C_0),随后跟随的波前沿运动速度一个比一个快,压力一个比一个大。

从图 3.3(c)可直观地看出,经过一段时间后 C_1波赶上了 C_0波,接着 C_2波赶上了 C_1波,等等。上述过程一直持续下去,直到所有的波最后叠加成一个单一、陡峭且非连续的波前沿,在这个前沿处,压力、温度和密度存在明显的间断面,这个间断面的宽度通常在几个分子平均自由程的数量级上,如图 3.3(d)所示。在活塞后面,与冲击波形成相反,气体膨胀产生了一个稀疏波,它移动的方向与冲击波和活塞移动的方向相反。

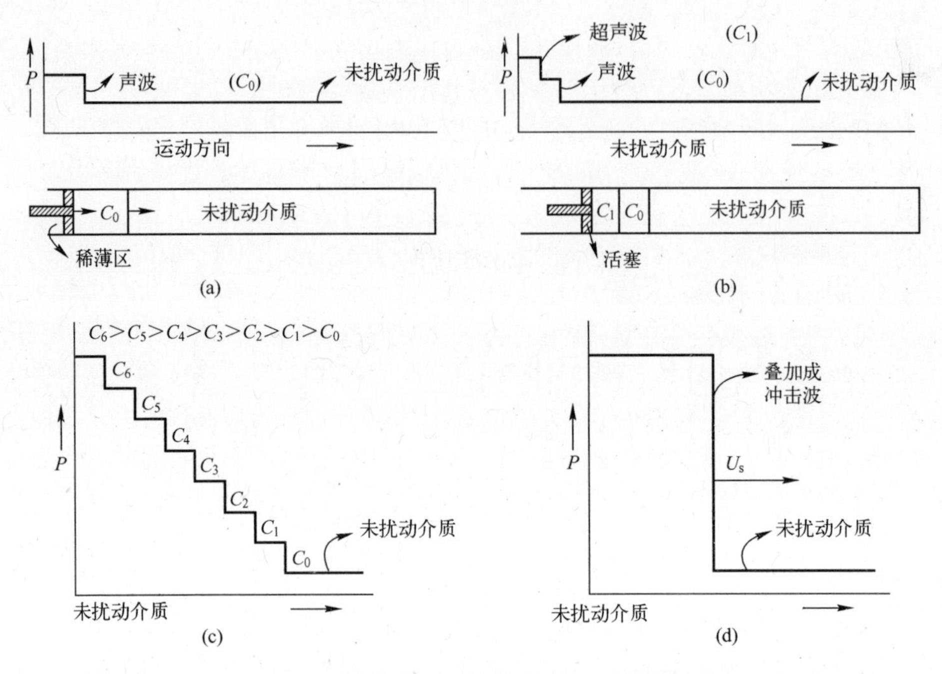

图 3.3　t_0(a)、t_1(b)和 t_6(c)时冲击波的形成和波前沿叠合成的平面冲击波(d)

(注:介质中的声速表达式 $C=\gamma RT^{1/2}$,γ 为介质比热的比例,T_0 为绝热温度,R 为气体常数。在压缩过程中,介质被加热升温,因此介质的声速提高)

在冲击波前沿处介质的物理性质发生剧变(图 3.4),该变化可以用 Rankine - Hugoniot (RH)方程来描述,推导过程如下。

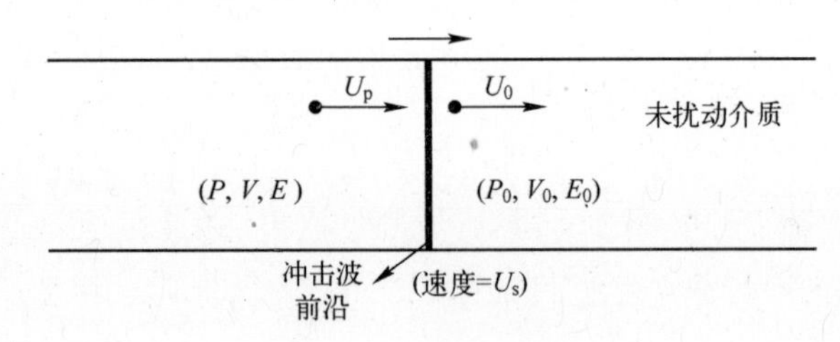

图 3.4　冲击波前沿的运动

(1) 质量守恒定律:

$$\frac{V_0 - V}{V_0} = \frac{U_p - U_0}{U_s} \tag{3.1}$$

(2) 动量守恒定律:

$$P - P_0 = \frac{U_s(U_p - U_0)}{V_0} \tag{3.2}$$

(3) 能量守恒定律:

$$E - E_0 = \frac{(P + P_0)(V_0 - V)}{2} \tag{3.3}$$

式中,U_s为冲击波速度;E、V、P 和 U_p分别为冲击状态下的能量、比容(1g 物质所占的体积)、压力和物质(活塞)运动速度;下标 0 代表初始状态。

RH 曲线表示当物质的初始状态相同时,对其进行冲击压缩时能够达到的所有最终状态的位点(轨迹)。表示压力与体积之间的关系曲线就是著名的 Hugoniot 曲线,如图 3.5 所示。如果初始状态已知,只需通过测量 5 个参数中的任意 2 个,即可确定最终状态。通常测量的是冲击波速度(U_s)。

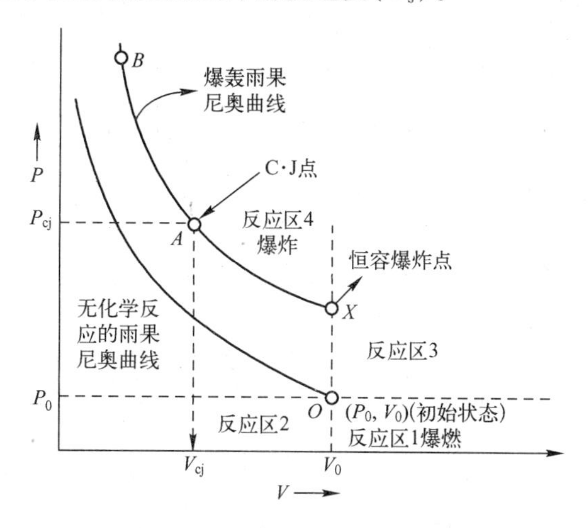

图 3.5　爆轰的 Hugoniot 曲线

图 3.5 中下面的 $P-V$ 曲线代表的是没有化学反应的惰性物质的简单 Hugoniot 曲线,与上面描述的密闭圆筒中活塞加速运动的曲线类似。这条 $P-V$ 曲线很平滑,但是当处理爆轰波时,由于只有爆炸反应维持的一个冲击波,因此变得更加复杂,这将在下一小节中介绍。

3.4.2　爆轰波

爆轰的首次实验室研究是在 1881 年进行的,通过在一个充满混合性爆炸气体的长而均匀的管子的一端点燃进而使其爆轰。最初点燃时的燃烧波是亚声速的,很快加速到一个高的固定速度,即我们现在所说的爆速(VOD)。

爆速主要与爆炸物的组分有关,与管材、管径(大于临界直径)和起爆方法无关。典型气体混合物的爆速、爆温和爆压分别为 2000m/s、3000K 和 2MPa(20bar)。几种常见炸药的爆速列于表 3.2。

正如前面提到的,对于不含化学反应的冲击波,它的 Hugoniot 曲线从初始状态(P_0,V_0)就很平滑,但是在爆轰中并不是如此。爆轰过程可以认为由两步构成,首先是化学反应释放能量的等容爆炸过程(点 X),接着反应产物被冲击压缩到最终状态(点 B)。末态速度与通过初态点和末态点直线(瑞利曲线)的斜率成比例,这可以通过式(3.1)和式(3.2)消去 U_0而得到:

表3.2　一些常见炸药的爆速

名　称	分子式	爆速/(km/s)	名　称	分子式	爆速/(km/s)
TNT	$C_7H_5N_3O_6$	6.9	CL-20	$C_6H_6N_{12}O_{12}$	9.1
RDX	$C_3H_6N_6O_6$	8.44	PETN	$C_5H_8N_6O_{18}$	8.4
HMX	$C_4H_8N_8O_8$	9.1	TATB	$C_6H_6N_6O_6$	7.35
NG	$C_3H_5N_3O_9$	7.6	NC(dry)	$C_{12}H_{14}N_6O_{22}$	7.3
Tetryl	$C_7H_5N_5O_8$	7.57	HNS	$C_{14}H_6N_6O_{12}$	7.12

$$U_s = V_0\left[\frac{P - P_0^{1/2}}{V_0 - V}\right] \tag{3.4}$$

RH方程本身并不能预测瑞利曲线（OA或OB）对应的是异常爆速。Chapman-Jouguet（C-J）理论作了一个假定：

$$D = C + U_p \tag{3.5}$$

式中，D为爆轰前沿速度；C为介质中的声速；U_p为爆轰产物的速度，它可以通过从初态点到Hugoniot曲线（OA）做切线得到。A点称为“C-J点”。由于爆轰产物形成的高密度气体的$P-V-E$关系未知，所以C-J理论应用于固体炸药时更加复杂。因此，通过计算预测的性能准确性较差。

3.5　爆轰理论

由于爆轰过程本身的复杂性，建立一个合适的爆轰理论是一项艰巨的任务。爆轰过程是一个快速的放热化学反应，与从反应物到产物的质量、动量和能量变化，高温、高压和密度变化，高压下气体产物的非理想行为等有关。早在19世纪末和20世纪初，Chapman、Hugoniot和Jouguet就研究了冲击波的热力学，并把它扩展到反应性体系，逐步发展到现在的“爆轰流体力学理论”。该理论的数学处理不在本书的讨论范围内，感兴趣的读者可以查阅本章后参考文献中所列的书目。本书中，作者旨在列出爆轰理论的重要论点，以帮助读者了解该理论的一些概念和方法。

在爆轰过程中，由于波前沿极端的温度和压力条件，爆炸化学反应能迅速地被激发。未爆轰爆炸物与冲击区内的分子除了以上两点不同之外，密度（ρ）、比容（V）、内能（E）和介质中的声速（c）也明显不同，这些参数在冲击区（下标1）和未爆轰爆炸物（下标0）之间的界面上发生了突然的间断性跳跃，如图3.6所示。

上述参数的间断性突跃在以下定律和假设的基础上进行数学处理：

（1）质量守恒定律（爆炸前后）；

（2）能量守恒定律（内能）；

（3）动量守恒定律；

（4）气体状态方程；

(5) 假设爆轰波速度等于介质中的声速和爆轰产物运动速度的加和。

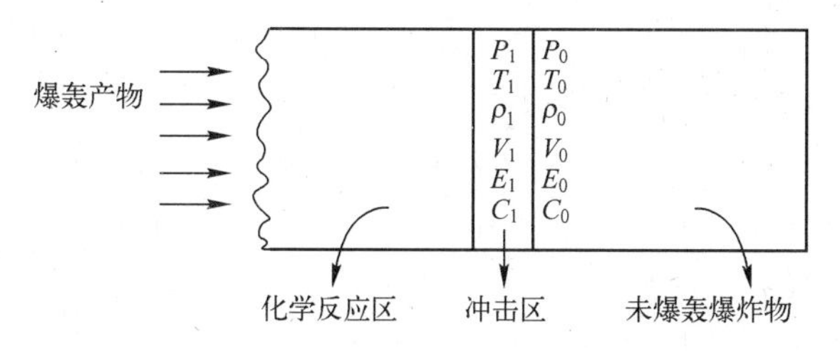

图 3.6　冲击区和未爆轰产物之间的非连续性变化

以下是爆轰流体力学理论的几点值得注意的重要结论:

1. 爆速、爆压和密度之间的关系

$$P_1 = \rho_0 D U_p \tag{3.6}$$

式中,P_1、ρ_0、D 和 U_p 分别为爆压、未爆轰爆炸物的密度、爆速和爆轰产物的速度。

结合式(3.4)和式(3.5),运用绝热条件(PV^γ = 常数)和状态方程,可以推出 U_p 与 D 的关系为

$$U_p = D/\gamma + 1 \tag{3.7}$$

式中,γ 为气体产物的比热容之比。

将式(3.7)代入式(3.6)可得

$$P_1 = \rho_0 D \cdot (D/\gamma + 1) \tag{3.8}$$

在冲击波区域的高温高压爆轰条件下,气体的 γ 值约等于 3,式(3.8)变为

$$P_1 = \frac{\rho_0 D^2}{4} \tag{3.9}$$

因此,提高爆炸物的密度能使爆压呈指数级增加,表明高能炸药密度的重要性。

2. Hugoniot 曲线和 C－J 压力

由图 3.5 可以看出,Hugoniot 曲线描述了通过冲击波压缩可能形成的所有 $P-V$ 状态点,从该曲线上可以获得一些有意思的现象,归纳如下:

(1) 反应区 1,即初始状态(P_0,V_0)右下方的 1/4 区域,是爆燃区,在该区中 $V>V_0$,$P<P_0$,爆燃产物迅速膨胀,无压缩存在。

(2) 反应区 4 是爆轰区,$P>P_0$,$V_0>V$,参见式(3.4)。

(3) 前面提到过点 A 称为 C－J 点,在该点爆轰稳定传播。在该点之上如点 B,稀疏波赶上爆轰波,爆轰逐渐消失。另一方面,在点 A 处,由于化学能和爆炸产物,爆轰波能够不间断地持续。在这种稳定状态下,爆轰有恒定的强度和速度。在此条件下,爆速等于介质中的声速和爆轰产物运动速度之和,表达式为 $D_{CJ} = C_{CJ} + U_{CJ}$,与前面描述的式(3.5)一样。

(4) 反应区 2($V_0>V$,$P_0>P$)和反应区 3($V_0<V$,$P_0<P$)没有物理意义,由于代入这些值得到的冲击波速度 U_s(在爆轰过程称为 D)是虚数。爆炸物的爆速为

1500 ~9500m/s,爆压(P_d)为 2 ~50GPa。

3.6 爆速和爆压的理论评估

在20世纪最后几十年内人们尝试从理论上预测爆炸物的爆速和爆压,在以下章节中简单地介绍4种常用的爆速计算方法。

3.6.1 Kamlet - Jacob 方法

Kamlet - Jacob 方法(KJ 法)是由美国海军军械中心 M. J. Kamlet 和 S. J. Jacob 共同开发的,该方法假定 CHNO 炸药爆轰时,二氧化碳(CO_2)和碳(C)首先形成而不是一氧化碳(CO),从而可以写出爆炸反应方程:

$$D = A\left[NM^{\frac{1}{2}}(-\Delta H_d)^{\frac{1}{2}}\right]^{\frac{1}{2}}(1 + B\rho_0) \tag{3.10}$$

式中,D 为爆速;A 为常数(其值为1.01);N 为每克炸药常数的气体摩尔数;M 为气体平均相对分子质量;B 为常数(约等于1.30);ρ_0 为未反应炸药的密度(g/cm^3);ΔH_d 为爆热(cal/g)。

示例:TNT 的分子式为 $C_7H_5N_3O_6$,密度 $1.64g/cm^3$,爆热 1090cal/g,试计算其爆速。

第一步:写出爆炸反应方程

$$C_7H_5N_3O_6 \xrightarrow{\text{yields}} 1.5N_{2(g)} + 2.5H_2O_{(g)} + 1.75CO_{2(g)} + 5.25C$$

第二步:计算每克 TNT 产生的气体摩尔数(TNT 相对分子质量为 227)

$$N = \frac{1.5 + 2.5 + 1.75}{227} = 0.02532$$

第三步:计算气体产物的平均相对分子质量

$$M = \frac{1.5 \times 28 + 2.5 \times 18 + 1.75 \times 44}{5.75} = 28.51$$

采用上述 KJ 方法的公式计算:

$$D = 1.01\left[0.02532 \times (28.51)^{\frac{1}{2}}(1090)^{\frac{1}{2}}\right]^{\frac{1}{2}}(1 + 1.30 \times 1.64) = 6680m/s$$

与试验值 6930 吻合度很高。

通过式(3.9)计算爆压:

$$P_1 = \frac{\rho_0 D^2}{4}$$

将炸药密度值 ρ_0 变为国际单位制:

$$\rho = \frac{1.64g}{cm^3} = 1.64 \times 10^3 kg/m^3$$

$$D = 6680m/s = 6.68 \times 10^3 m/s$$

将其代入式(3.9)可得

$$
\begin{aligned}
P_{\mathrm{d}} &= 1.64 \times 10^{3} \times (6.68 \times 10^{3})^{2} \\
&= 18.3 \times 10^{9}\mathrm{Pa} \\
&= 18.3\mathrm{GPa}
\end{aligned}
$$

试验值约为21.0GPa。

在书写爆轰化学反应方程时,化学家常常面临一个困惑——反应先生成CO还是CO_2?对于低氧平衡或是高的负氧平衡炸药,通常产物不能充分氧化,故而先生成CO,伴随着气体产物摩尔数的增加和平均相对分子质量的降低。有限的实验数据(美国物理科学院手册,第2版,McGraw Hill出版社,纽约,1963)显示,当炸药装填密度较低时,化学平衡倾向于生成CO,装填密度较高时则倾向于生成CO_2。

作为经验法则,当炸药的氧平衡较低或为负氧平衡时,亦或炸药的装填密度较低时,可以采用先生成CO的化学方程;反之,采用先生成CO_2的化学方程。

3.6.2 Becker - Kistiakowsky - Wilson 方法

众所周知,只有理想气体才符合$PV = nRT$的普适气体状态方程。然而,所有的真实气体都是非理想气体。随着压力越高或温度越低,由于分子间吸引力增加和分子自身体积所占的比例增加,真实气体的行为偏离理想气体越远。著名的Vander Waal方程$(P + a/V^2)(V - b) = RT$(1mol气体),在一定范围内克服了这一问题。

a/V^2项补偿了分子与容器壁之间由于分子间吸引力造成的压力损失,b项(余容)是考虑分子本身所占有的体积效应。

在爆轰过程中,由于在爆轰区气体产物的压力极高,分子本身的体积效应和分子间吸引造成的压力损失效应变得更严重,爆炸物的爆压一般在2~50GPa(大气压的10^5数量级)。过去50年,不同课题组尝试推演出考虑了高压下气体非理想行为的状态方程,但均未取得显著成功。所有方法采用的模型方程包括Becker - Kistiakowsky - Wilson(BKW)方法,都不能模拟出令人满意的高密度和高温的爆轰产物。BKW方法需要5个参数,即压力、温度、内能、密度和爆速,计算时需要两套参数分别对应负氧平衡和正氧平衡爆炸物。

BKW方法采用热力学和流体力学性质解方程组,BKW状态方程如下:

$$P = nRT\rho(1 + x\mathrm{e}^{\beta x})$$

式中,ρ为密度(比容的倒数);$x = b\rho k T^{-\alpha}$,b为余容,$\beta = 0.3$,$\alpha = 0.25$,$\kappa \approx 1$。

上述方程允许气体产物分子在高压(如爆轰波前沿)下进行压缩,α和β的值是基于试验数据最优拟合获得的。基于此,开发了几个计算机程序(RUBYCODE,STRETCH BKW,TIGERCODE,LOTUSES),用于计算爆速、爆压和爆温。

由于需要采用迭代运算,且计算量相当大,该方程通过编制计算机程序来进行计算。该方程中包含四个任意常数α、κ、θ和β,它们需要校准以便适用于任何类型的炸药，目前已有一组参数可以满足许多炸药配方。

3.6.3 Rothestein 和 Petersen 方法

唯一一种只依赖于炸药分子化学结构的计算方法是 1979 年和 1981 年 Rothestein 和 Petersen 开发的方法，它能够计算最大理论密度下的爆速。对于所有的含 CHNO 型的理想炸药，L. R. Rothestein 和 R. Petersen 推导出最大理论密度下的爆速与因子 F 存在经验的简单线性关系，因子 F 只与炸药分子的化学组成和结构有关，表达式如下：

$$F = 100 \times \frac{nO + nN - \frac{nH}{2nO} + \frac{A}{3} - \frac{nB}{1.75} - \frac{nC}{2.5} - \frac{nD}{4} - \frac{nE}{5}}{MW} - G$$

$$D = \frac{F - 0.26}{0.55}$$

式中，nH、nN、nO 分别为分子中氢、氮和氧原子的数量；nB 为生成二氧化碳和水之后剩余的氧原子数；nC 为与碳原子采用双键连接的氧原子数（如羰基中的氧原子）；nD 为与碳原子采用单键连接的氧原子数（不是硝酸酯基上的氧）；nE 为硝酸酯或硝酸盐（一硝酸肼）中的硝基数量。对于芳香族化合物 $A=1$，其他 $A=0$；液体炸药 $G=0.4$，固体炸药 $G=0$；F 为因子；D 为爆速（km/s）。为实现均质炸药的最大爆速，必须保证其密度最大。

实例 3.1

计算 NG 的爆速。

NG 的分子式为 $C_3H_5N_3O_9$：

```
      H
      |
H—C—O—NO2
      |
H—C—O—NO2
      |
H—C—O—NO2
      |
      H
```

NG 爆炸反应为

$$C_3H_5N_3O_9 \xrightarrow{\text{yields}} 3CO_2 + 2.5H_2O + 1.5N_2 + 0.25O_2$$

NG 是非芳香性的，所以 $A=0$；NG 是液体炸药，$G=0.4$；NG 分子中 $nO=9$，$nN=3$，$nH=5$，$nB=0.5$（总共 9 个氧原子，5 个氢原子需要 2.5 个氧原子生成水，3 个碳原子需要 6 个氧原子生成二氧化碳，剩下 0.5 个氧原子），$nC=0$，$nD=0$，$nE=3$，MW（相对分子质量）$=227.1$。

知道这些变量以后，就可以计算爆轰因子 F：

$$F = 100\left(\frac{9+3+0-\frac{5-0}{2\times 9}+\frac{0}{3}-\frac{0.5}{1.75}-\frac{0}{2.5}-\frac{0}{4}-\frac{3}{5}}{227.1}\right) - 0.4 = 4.372$$

$$D' = \frac{4.372 - 0.26}{0.55} = 7.48\text{km/s}$$

从文献中可以得到 NG 的爆速为 7.60km/s,实例预估的误差为 100(7.48 − 7.60)/7.60 = −1.6%。

3.6.4 Stine 方法

该方法(Stine,1990)对于 CHNO 型炸药的爆速预估相对准确,它是基于单质或混合炸药的原子组成,结合炸药密度和生成热的一种计算方法。在该方法中炸药组成定义为 $C_aH_bN_cO_d$,式中 a,b,c,d 为原子百分数(如 a 为炸药分子式中碳原子的数量除以总原子数)。计算公式如下:

$$D = 3.69 + (-13.85a) + 3.95b + 37.74c + 68.11d + 0.6917\Delta H_f)\left(\frac{\rho}{M}\right)$$

式中,ρ 为炸药的初始密度(g/cm^3);ΔH_f 为炸药的生成热(kcal/mol);M 为炸药的相对分子质量。

3.7 燃烧转爆轰(DDT)

以推进剂药柱的爆燃为例,当给定推进剂的组分,在特定的环境压力下,推进剂以一定的速率燃烧(线性燃烧速率,r)。在 3.2 节和 3.3 节中我们曾提到过两个重要的方程,即 $r = bP^n$(线性燃速与压力成幂关系),以及 $\dot{m} = rA\rho$(线性燃速和质量燃速的关系)。

只要爆燃产物的生成速度($\dot{m}$)等于或低于产物离开的速度(m_r),产物就不会积累,周围压力也不会增加。然而,当产物的生成速度高于产物的离开速度,就会增加推进剂周围的压力。压力越高燃速越高,燃速越高意味着压力会增加更多,形成一个快速的压力增加和燃速增加的恶性循环,直到某一极端燃速超过推进剂中的声速。一旦燃速超过推进剂中的声速,正如 3.5 节所介绍的,将会形成一个垂直的爆轰波前沿(DDT),这是爆炸物研究领域中非常重要的一个现象。

什么时候会发生 DDT?

(1) 当物质在强约束条件下发生爆燃;

(2) 当爆炸物爆燃时遭受高强度冲击波刺激;

(3) 爆燃物的孔隙率很高时(意味着燃烧表面积很大,质量燃速中 A 是暴露的燃烧面积);

(4) 在超细分散的大爆炸装药中,炸药本身能提供足够的约束时。当黑火药点燃铺在地上的 TNT 颗粒薄层时,TNT 会迅速燃烧($\dot{m} < m_r$),当大量堆积时则会爆轰($\dot{m} > m_r$)。

因此,在处理废弃的炸药或推进剂时,需要注意将爆炸物铺成薄层以免发生

DDT 现象,有一些事故正是由于那些看起来不会发生 DDT 的物质发生了 DDT 而造成的。研究 DDT 对于避免意外的爆轰灾难是十分必要的,在新型推进剂配方研制和炸药制备放大过程中需要研究 DDT 过程。例如,无法承担因为发展新的枪炮发射药发生 DDT 转变而造成昂贵炮管毁坏的损失。同样,由于积聚效应可能引发爆轰,在新型炸药的规模放大制备过程中如果没有进行 DDT 试验可能毁坏加工厂。

推荐阅读

[1] S.M. Kaye (Ed.), Encyclopaedia of Explosives and Related Items, vols 1–10, US Army, Armament R&D Command, NJ, 1983.
[2] J. Taylor, Detonation in Condensed Explosives, Clarendon Press, Oxford, 1952.
[3] S.S. Penner, B.P. Mullins, Explosions, Detonations, Flammability and Ignition, Pergamon Press, London, New York, 1959.
[4] C.H. Johnson, P.A. Persson, Detonics of High Explosives, Academic Press, London, New York, 1970.
[5] W. Fickett, W.C. Davis, Detonation, University of California Press, Berkeley, 1979.
[6] R. Cheret, Detonation of Condensed Explosives, Springer Verlag, New York, Berlin, 1993.
[7] Service Textbook of Explosives, Min of Defence Publication, UK, 1972.
[8] C.S. Robinson, Explosions, Their Anatomy and Destructiveness, McGraw-Hill Book Co. Inc, New York, London, 1944.
[9] P.W. Cooper, Explosives Engineering, VCH Publishers, Inc, USA, 1996.
[10] B. Zeldovich Ia, A.S. Kompaneets, Theory of Detonation, Academic Press, New York, USA, 1960.
[11] A. Bailey, S.G. Murray, Explosives, propellants & pyrotechnics, in: Land Warfare: Brassey's New Battlefield Weapon Systems & Technology Series, vol. 2, Royal Military College of Science, Shrivenham, UK, 1989.
[12] L.R. Rothstein, R. Petersen, Predicting high explosive detonation velocities from their composition and structure, Propellants Explos. 4 (1979) 56–60.
[13] L.R. Rothstein, Predicting high explosive detonation velocities from their composition and structure (II), Propellants Explos. 6 (1981) 91–93.
[14] J.A. Zukas, W.P. Walters (Eds.), Explosive effects and applications, Springer-Verlag, New York, USA, 1997.

思考题

1. 爆炸的定义和分类是什么?

2. 所有的爆炸都会生成气体并伴随体积的增加,这种说法正确吗? 如果不正确,请举出几个与上述说法相反的例子。

3. 爆燃与爆轰的区别是什么?

4. 为什么一个普通的、无害的燃料在空气中超细分散时会变得很危险?

5. 10kg 推进剂拟通过处理成边长 1cm 的立方颗粒进行燃烧销毁处理,假定推进剂的密度为 1.5g/cm^3,大气压下线性燃速为 2mm/s,如果所有的推进剂同时点火,求它的初始质量燃烧速度。

6. 为什么冲击波要假设一个平面波前沿?

7. 当一个固体炸药柱经历爆轰时可以观察到哪些不同的区域?

8. 为什么爆轰时爆轰产物的移动方向与爆轰传播的方向相同?

9. β－HMX 的爆速 9100m/s,密度 1.96g/cm^3,当它爆轰时爆压是多少?
10. 哪些条件有利于 DDT?
11. 列举一些能够计算爆速和爆压的计算机程序。
12. 列举一些理论预估爆速的计算方法。
13. 线性燃烧和聚集燃烧的区别是什么?
14. 写出炸药爆速、爆压和密度之间的关系。
15. 说说 Hugoniot 曲线的重要性。

第四章　炸 药 性 能

4.1　为什么炸药会发生爆炸

4.1.1　爆炸反应的自发性

为什么炸药会爆炸？在第二章中我们知道所有的爆炸物本质上都处于亚稳态，只需要一定的激发能就能发生爆炸。无论爆炸物的生成热是正的还是负的，爆炸反应都是剧烈放热反应，同时释放大量的气体产物。当爆炸物受到一定的激发能作用时，爆炸反应就会自发进行。

什么决定了反应的自发性？自然界中的所有变化，无论是化学变化还是物理变化都被两种似乎是截然相反的力量控制，即：①区域能量最小化；②区域最大混乱度（自由或无序状态）。悬崖上的岩石拥有巨大的势能，趋向于下落来降低它的能量；装在汽缸中的压缩气体是如此拥挤以至倾向于从喷嘴中跑出来使气体分子能够远离彼此，达到完全的自由或无序状态。在热力学平衡中，能量用焓 H 指代，无序度或混乱度用 S 指代。然而，通常这两种趋势是彼此相反的。要确定一个过程是否自发进行，在同一个温度下这两种趋势都需要考虑，从而引入了一个新的参数 G，即吉布斯自由能。G 的定义如下：

$$G = H - TS$$

在恒定温度下，H、S 和 G 的变化关系如下：

$$\Delta G = \Delta H - T\Delta S$$

判断自发反应的标准为最小化能量和最大化混乱度。自然界的一切系统都经历着减小能量或增加混乱度或两者兼具的变化。然而，如果在一个变化的过程中，能量和混乱度具有相反的趋势，如能量和混乱度都降低或都增加，将会发生什么？将上述各值的变化代入上述方程，看 ΔG 是正还是负。如果是负，则反应自发进行；如果是正，则不会自发进行。ΔG 依赖于 ΔH 和 ΔS 的相对值。下面举两个 ΔH 和 ΔS 具有相反变化趋势的自发反应例子。

1. 盐在水中的吸热溶解

与晶体晶格中的阳离子和阴离子的受缚状态相比，溶液中溶剂化离子的自由度影响更大，从而使吉布斯自由能为负值。

2. 聚合反应

当许多单体聚合生成少量的大分子时，整体的无序度是减少的。但聚合反应的强烈放热反应抵消了该影响,从而使吉布斯自由能为负值。

爆炸反应既是强烈放热反应,同时生成大量气体产物使混乱度增加,导致吉布斯自由能很大程度降低,从而使爆炸反应是一个高度自发反应。

4.1.2　爆炸反应的动力学

爆炸反应发生需要满足以下条件:反应是放热的、由化学反应或产物的挥发生成大量的气体产物、反应能迅速传播。如果一个化学反应伴随着自由能的显著降低,意味着该反应很容易发生吗?并不是如此,例如,一块煤在氧气中燃烧形成二氧化碳和水,该反应的自由能降低很多。即使是能够自发进行的化学变化也需要一个起始活化能 E_a 以激活反应物。在第二章中我们已介绍即使是亚稳态的爆炸物也需要一个激发能或活化能使炸药分解。

如果不存在活化能,那么地球上无论是爆炸物还是一块煤都不可能稳定存在。区别仅在于木头需要的活化能比炸药需要的活化能大得多。不太稳定的炸药分子X所有的键都处于基态(图4.1),当受到一个激发能或活化能(通过冲击、热或撞击)的刺激,分子被激发,达到激发态(X^*)。在激发态下,某些键优先断裂(如硝酸酯NG中的C—ONO_2键断裂)。分子吸收了能量后发生如上过程,再不可能保持这种状态,只能立即通过分解为更稳定的产物如CO_2、CO、N_2等或通过释放大量的热量来降低能量状态。

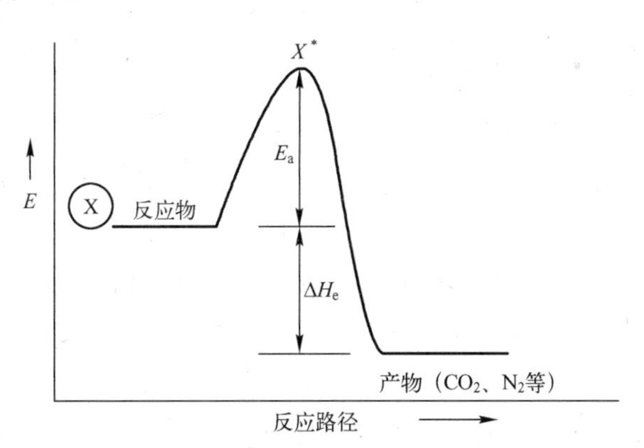

图4.1　炸药分子反应过程示意图

反应的速率主要取决于两个参数,即活化能和反应条件——温度,对于任意的化学反应,反应速率服从Arrhenius方程:

$$k = A\mathrm{e}^{-E_a/RT}$$

式中,k 为化学反应速率常数;A 为指前因子,是与温度无关的Arrhenius常数。该方程显示当温度增加或活化能降低时,反应速率成指数增加,比线性关系增加更快,见图4.2。

对方程两边取对数,可得 $\lg k = \lg A - E_a/RT$,$\lg k$ 与 $1/T$ 成直线关系见图4.3,其

中斜率等于 $-E_a/RT$,从斜率可以计算活化能。

对于炸药而言,活化能是一个重要的参数,活化能越低,炸药的起爆感度越高。

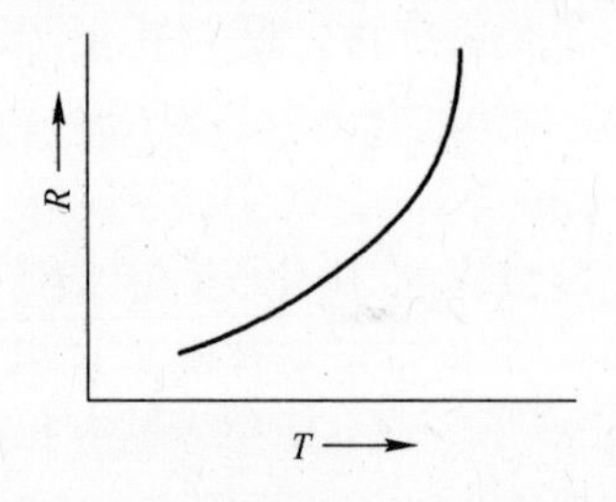

图 4.2　反应随温度升高呈指数增加

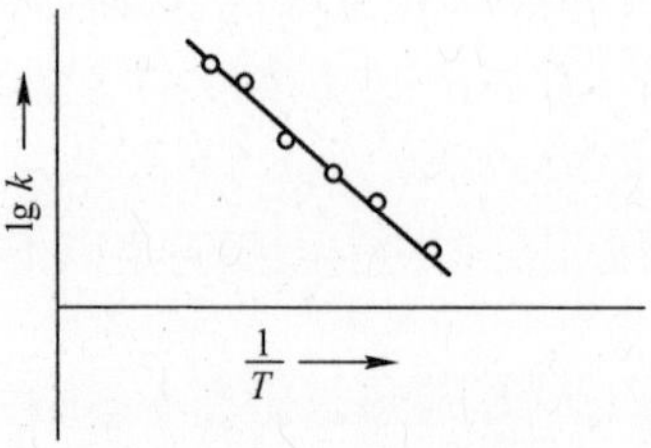

图 4.3　lgk 与 1/T 的曲线

4.1.1 节讨论了炸药的热力学性质——炸药具有“自由能优势”;4.1.2 节讨论炸药的动力学,炸药发生分解反应的难易程度与活化能和温度的关系。

4.1.3　分子结构和炸药性质

化合物的爆炸性能与分子结构之间的关系一直是人们感兴趣的内容之一。在 19 世纪末,Vant Hoff 发现某些物质硝化之后会赋予该物质爆炸性能,且分子中的硝基数量越多,爆炸性能越好。他认为是某些具有特定性质的原子键赋予了爆炸特性。1953 年,Plets 提出了类似于化工染料领域发色团和助色团的爆炸基团(Explosophore)和助爆炸基团(Auxoploses)。爆炸性基团即那些特定的能够赋予爆炸物质分子爆炸性能的功能基团,表 4.1 列出了部分爆炸性基团。

表 4.1　部分爆炸性基团的分子结构

硝基　$-N^{+}(=O)-O^{-}$	硝酸根　$-O-N^{+}(=O)-O^{-}$
偶氮基　—N=N—	叠氮根　$-N^{-}-N^{+}\equiv N$
过氧基　$-\ddot{O}-\ddot{O}-$	高氯酸根　$-O-Cl(=O)_3$

助爆炸性基团是那些能够改进或提高分子爆炸性质的功能基团,例如苦味酸比三硝基苯更容易起爆,原因之一是由于给电子的羟基使苦味酸的苯环活化,二是羟基可以使活化的爆炸中间产物稳定。苦味酸中的羟基即是助爆炸基团。

为什么只有少许几个功能团如硝基、硝酸酯基和高氯酸基具有爆炸性或不稳定性?两个具有不同电负性的原子之间成键,由于原子能够偶极化所以键很牢固也很稳定,示意图如下:

$$\delta- \ \delta+ \qquad \delta- \ \delta+$$
$$O{:}H \text{ 或 } O-H$$

如果两个原子的电负性都很高，则它们对电子的吸引竞争就很激烈，键就不稳定（例如硝酸根中的 N—O，高氯酸中的 Cl—O）。尽管 N 和 Cl 都是高电负性原子，但在硝酸根和高氯酸根中的氧化数很高或正的化合价很高，因此硝酸根和高氯酸根对电子给体具有强烈的吸引作用。炸药分子中的碳能够使这些基团获得电子从而减小键级，最终生成稳定产物，如二氧化碳、一氧化碳和氮气。著名的成键分子轨道理论能够解释硝酸根和高氯酸根基团、叠氮基团的相对不稳定性：

$$—\overline{N}—N^{+}\equiv N$$

要进一步获得炸药分子结构与爆炸性能之间的定量关系需要光谱技术如 X 射线光电能谱（XPS）、电子顺磁共振（EPR）、基于量子力学的理论计算和分子冲击动力学等。分子结构、爆炸物的冲击感度与爆轰分解之间的精确关系非常复杂，不在本书的讨论范围之内。然而，基于大量的量子化学计算和实验技术如高速拉曼光谱，可以得出以下结论：

(1) 爆炸物分子的电子结构决定其冲击感度。

(2) 只要炸药分子中某些键在冲击能量下易断裂就容易起爆，如硝胺 RDX 中的 $N—NO_2$。

(3) 冲击感度取决于某些特定键在吸收冲击能量之后偶极化的降低程度。例如：为什么 RDX 比硝基胍爆炸威力更大？从科学的角度如何解释 RDX 的冲击感度比硝基胍的高？有人报道在 RDX 和硝基胍中 $N—NO_2$ 的极化程度分别降低 55% 和 22%，意味着 RDX 吸收冲击能后极化程度降低。非极化的键比极化键更容易断裂，因为在极化键中原子之间的静电力能够阻止键的断裂。

(4) 爆炸物的分子并不是当冲击波前沿经过时就立即发生分解。在波前沿后面，冲击波传输的能量优先被某些分子吸收用于提高或激发振动和电子能量水平。正是该激发过程引发了初始反应起爆，因而被当作炸药感度的一个度量。经过一段时间，通常是几纳秒后，剩下的分子才会吸收冲击起爆分子释放的能量参与协同分解过程。

4.2　炸药性能的两个方面

4.2.1　爆炸能量的形式

当岩石中炮眼的炸药爆轰时，岩石碎裂。是什么造成了这种破坏？是冲击还是爆炸形成的气体产物或两者皆有？我们可以将爆炸能量分为两部分，即冲击效应和气体膨胀效应。

冲击效应：高压爆轰前沿对目标的影响，该影响与爆压成比例。爆压取决于爆速和密度。

气体膨胀效应:高压气体产物对目标的影响。在第二章中我们知道该值等于 nRT_0,n 为每克炸药产生的气体摩尔数,T_0为爆温。爆轰能量可以分为冲击效应和气体膨胀效应。

在上述岩石爆破的例子中,两个效应的作用顺序如下:

(1) 冲击波是主要破坏效应。高压冲击前沿在岩石中产生高强度压缩(压力范围大约 100k bar)。

(2) 压缩波后面紧接着是稀疏波。在稀疏波阶段,压力低于大气压,对岩石产生一个拉伸作用。

(3) 强烈压缩后的拉伸造成材料连续快速地发生塑性和弹性形变,最终造成材料的破坏。

(4) 压缩气体从裂缝中喷出,夹带着抛出碎块。

到目前为止,发现炸药爆炸总能量中不到 50% 会转化成冲击效应,即使是高爆速炸药也是这样的。针对某一个具体的破坏过程而言,冲击效应和气体膨胀效应之间的比例与应用情况有关,具体如下:

(1) 在某些应用如爆炸成型装药中,与气体膨胀相比,冲击占据绝对优势。

(2) 在采矿业中,气体效应更重要,因为气体能带出许多碎块,而高爆速会导致灾难性后果。

(3) 在许多应用领域,如上述的岩石爆破,两个效应协同作用。

4.2.2 爆速

爆速是爆轰波在炸药中的传播速度,是炸药性能的主要指标之一。如果炸药的密度达到其理论最大密度,此时对应的爆速是炸药的特征参量。炸药的爆速主要取决于以下几个主要因素:

1. 装填密度(Δ)

装填密度定义为炸药的质量和爆炸体积的比值。爆炸体积即炸药爆轰时的空间。如果 10g 的 RDX 装填在一个 $20cm^3$ 的密闭空间中,则装填密度等于 $0.5g/cm^3$。装填密度越高,爆速越高。装填密度越高则单位体积的炸药量越大,释放的用于维持爆轰波的能量越多。

如果 D_1和 D_2分别代表 Δ_1和 Δ_2时的爆速,则以下经验关系成立:

$$(D_1 - D_2)/(\Delta_1 - \Delta_2) = 3500$$

马歇尔(Marshall 公式)给出了爆速、装填密度和每克炸药爆炸气体产物摩尔数、爆温之间:

$$D(\mathrm{m/s}) = 430\ (nT_\mathrm{d})^{1/2} + 3500(\Delta - 1)$$

2. 装药直径

当起爆一个圆柱形炸药装药时,测量爆速发现,当炸药装药的直径变化时,测量的爆速也发生变化,当直径降低时爆速降低。这是由于直径减小时消耗在圆柱侧面的能量更多,当直径较大时,损失的能量与波前沿生成的能量相比很小;只有当直径较小时,能量损失才变得明显。

以长度为 L、直径为 D 的圆柱形药柱为例,E_x是单位体积的炸药在爆轰过程中释放的能量,E_y是通过侧面单位面积损失的能量,则通过柱面侧面损失的能量计算如下:

$$\frac{\text{损耗的能量}}{\text{产生的能量}} \times 100\% = \frac{(\pi DL \times E_y)}{\frac{\pi D^2 L \times E_x}{4}} = \times 100\% = \frac{4E_y}{DE_x} \times 100\% = \frac{k}{D}(k\ \text{为常数})$$

既然 E_y和 E_x是常数,则能量损失百分比与柱体直径成反比。直径较小时,能量损失百分数增加,在临界直径以下,能量损失严重以至于不能维持爆轰波的稳定传播,直至衰减完全。炸药的临界直径与炸药的类型、装填密度包括气泡等有关。对于起爆药叠氮化铅,临界直径可以小到 0.5mm;对于低感度和低装填密度的硝酸铵,临界直径可以大到 100mm。

临界直径最初是在冲击敏感的 NG 制造过程中基于“防爆格栅”的概念而提出的。使 NG 传输过程中的直径小于其临界直径,从而保证某一部分意外造成 NG 的爆炸不会传输到其他部分引起爆炸。

3. 限制程度(约束条件)

当炸药的约束程度增加时,爆速也增加。

4. 起爆强度

炸药装药的起爆强度越高,炸药的爆速越高,反之也成立。弱起爆药用于起爆工业炸药从而达到较低的爆速。爆速测定最初采用“导爆索法”(Dautriche Method)。如今,“Pin Oscillography Techeniques”(销示波技术)和“Streak Camera Techniques”(高速摄影技术)可用于爆速的精确测量。

4.2.3 气体膨胀

正如冲击效应,气体做功膨胀也是炸药的能量参数之一。在第二章 2.3.9 节已经提及,称之为比能“specific energy”,有时候也称之为强度和功。

比能 f(Specific Energy)即每千克炸药的做功能力,可以通过气体状态方程进行计算:

$$f = PV = nRT$$

以 RDX 为例,假如其爆轰过程中绝热等体积火焰温度等于 2800K,则比能为多少?每摩尔 RDX 爆炸分解出 9mol 气体产物:

$$C_3H_6N_6O_6 \rightarrow 3CO + 3H_2O + 3N_2$$

将 $R = 8.315\text{J}/(\text{K} \cdot \text{mol})$代入,可得 $f = 944\text{J/g}$。

所有炸药的此项做功参数可以通过实验测量。古老但可靠的测量方法是铅铸实验(Trauzl Lead Block Test)。在该实验中已知质量的炸药放置于铅块上打好的孔中，然后密封。当炸药起爆时，高压膨胀气体会使孔的体积增加。通过测量该体积并作为比能f的一个测量方式，单位为cm^3/g，即每克炸药爆炸的体积增加量。对于不同的炸药将获得的f对nRT作图，可以看出它们呈线性关系，见图4.4。略微偏离线性的原因可能是假设高压气体也是理想气体造成的。

传统上将苦味酸作为炸药做功能力评价的一个参考。由于n与V(每克炸药的气体产物体积)成比例，温度与热量成比例，因此nRT与QV成比例，QV称为表示炸药能量的特征量。炸药的能量与标准炸药如苦味酸的比值称为能量指数，如下例。

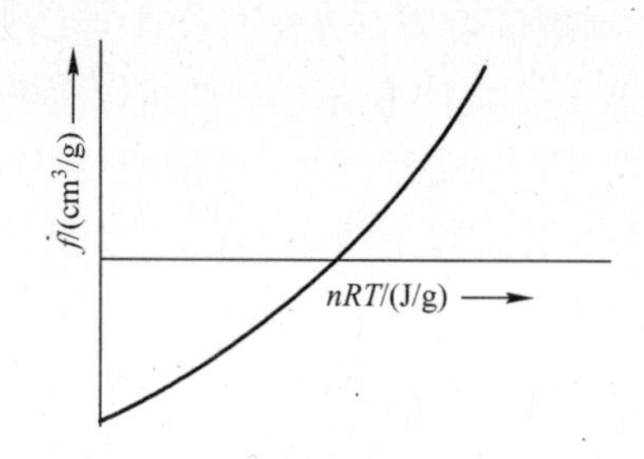

图4.4　炸药做功能力与nRT的关系

与标准炸药即苦味酸比较，RDX的爆热$Q=1226cal/g$，$V=908cm^3/g$，苦味酸的爆热$Q=896cal/g$，$V=780cm^3/g$。

$$能量指数=\frac{Q_{RDX}\times V_{RDX}}{Q_{PA}\times V_{PA}}=\frac{1226\times 908}{896\times 780}=159\%$$

则能量指数=1.59。表4.2列出了几种炸药采用LOTUSES软件计算出来的能量指数，计算爆轰气体的体积时采用的是Kistiakowsky - Wilson规则。

表4.2　通过LOTUSES计算得到的部分炸药的能量指数

炸　药	能量指数/%	炸　药	能量指数/%
六硝基芪(HNS)	108.7	奥克托今(HMX)	178.33
硝化棉(NC)	131.09	太安(PETN)	177.22
硝化甘油(NG)	164.49	三硝基甲苯(TNT)	103.68

4.3　爆轰过程

正如第一章所述，对于包含炸药的任何系统(包括弹药)，安全性和可靠性是两个重要的要求。安全意味着当我们不要求它作用或爆炸的时候它不发生爆炸。炸药对撞击、摩擦、热和电脉冲的感度不同，输出的冲击强度也不同。为实现操作运输和储存过程中的安全性和以炸药为基的系统(如弹药或工业爆破系统)的性能可靠性双重目标，需要形成爆炸系统的一个序列，该序列包括感度较高和输出较低的起爆炸药（如初级炸药起爆药），还包括中等感度和中等输出的中级炸药（又称为传爆药 booster），除此以外，还包括低感度和高输出的主装炸药。图 4.5 是一个爆炸序列的范例。

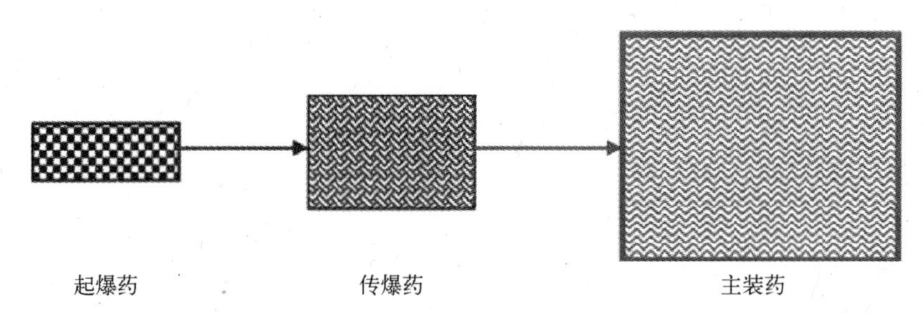

组成	起爆药（HS/LO）	传爆药（MS/MO）	主装药（LS/HO）
化合物名称	叠氮化铅+斯蒂芬酸铅	PETN	HMX
感度（RIT*）	9%	15%	35%
爆速/（m/s）	5100	8300	9100

*RIT表示TNT为标准炸药的相对撞击感度，指给定质量的落锤能够在某一高度引爆炸药与TNT的比值。对于给定质量的落锤，如果TNT在100cm处被引爆，则PETN在15cm处被引爆

图 4.5　一个爆炸序列

4.3.1　起爆药：爆炸序列中的启动器

起爆药（Primary Explosive or Initiatory Explosives）作为炸药序列中的启动器，通常对热、摩擦、撞击、冲击或静电能敏感。它们通常起爆爆炸序列中的下一个部件或单元即传爆药，传爆药依次起爆主炸药。从起爆药到主炸药的能量放大倍数可以达到 100 万倍。起爆药通常用于起爆器、商业导爆索和撞击点雷管（火帽）中。它们可以用电、机械撞击或来自爆炸索的冲击能量进行起爆。

考虑到感度、能量输出、制造难度、成本、相容性和长期储存的稳定性后，能够满足军事或工业应用要求的起爆药只有少数几种。雷酸汞是最早使用的起爆药，但由于长期储存稳定性较差目前已经逐步淘汰。目前常用的起爆药包括叠氮化铅、叠氮化银、斯蒂酚酸铅（Lead Styphnate）和二硝基间苯二酚铅（Lead Dinitroresorcinate）。尽管叠氮化铅应用范围广，但它具有较差的“flash pick - up”性质，且与弹药中的铜不相容（储存过程中会形成高感度的叠氮化铜）。三种常见起爆药的一些重要性质列于表 4.3。

表 4.3　几种起爆药的性能

性　质	雷　酸　汞	叠氮化铅	斯蒂芬酸铅
分子结构	$Hg(O-N^{+}\equiv C^{-})_2$	$Pb(N=N^{+}=N^{-})_2$	$[C_6H(O^{-})_2(NO_2)_3]^{2-}\ Pb^{2+}\cdot H_2O$
相对分子质量	284.6	291.3	468.3
ΔH_f/(cal/g)	+225	+340	-451
ΔH_e/(cal/g)	355	367	370
密度/(g/cm^3)	4.2	4.8	3.0
VOD/(m/s)	5400	5300	5200
撞击感度/% TNT	5	11	8
静电感度/J	0.07	0.01	0.001

4.3.2　次级炸药：爆炸序列最后的做功单元

次级炸药一般具有较低或中等感度但是具有较高的能量输出，包括传爆药和主装高能炸药，它们大部分可以分为三类，即脂肪族硝酸酯类、芳香族硝基化合物以及硝胺化合物（脂肪族、芳香族和杂环化合物）。这些炸药的性能、制备和应用不在本部分讨论，只列出几个要点。

1. 脂肪族硝酸酯类

该类炸药具有高的爆热和爆速。然而，由于 $C—ONO_2$ 键容易发生缓慢水解反应，从而生成 HNO_3/HNO_2，这两种物质会进一步催化分解，因此稳定性低于其他两类。

$$R-O-N^{+}(O^{-})=O \xrightarrow[H_2]{[H^{+}]} R-OH + HNO_3$$

常用的该类炸药包括 NG、PETN 和 NC，NG 和 PETN 的性质列于表 4.4。

2. 芳香族硝基化合物

该类化合物比硝酸酯稳定。所有的芳香族分子都是共振 - 稳定化，而且引入给电子基团如甲基（高共轭体系）能进一步提高环的稳定性如 TNT，见下图：

需要更多的能量才能使一个共振－稳定环不稳定，即这类化合物比硝酸酯炸药更稳定。

三氨基三硝基苯的稳定性很高，熔点 350℃，还有另外一个主要因素，即分子间和分子内氢键。

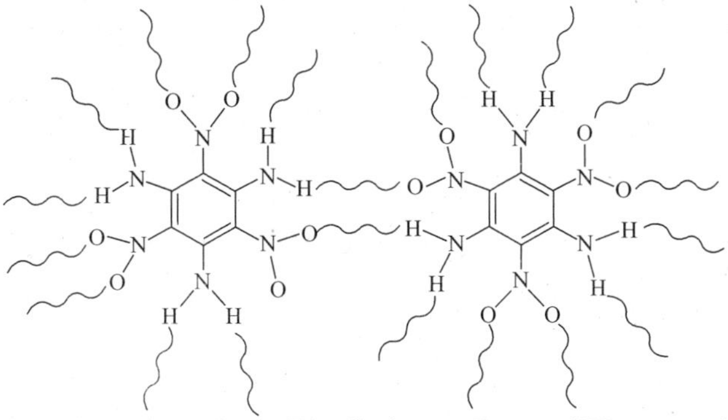

～～ denotes intermolecular H-bonding between H atoms of NH_2 groups and

两种芳香族硝基化合物 TNT 和苦味酸的几个重要性能见表 4.4。

3. 硝胺化合物

硝酸酯类代表 O—NO_2炸药，芳香族硝基化合物代表 C—NO_2炸药，硝胺类代表 N—NO_2炸药。硝胺类中脂肪族的如硝基胍，芳香族类如特屈儿，杂环类如 RDX 和 HMX，它们的性质见表 4.4。

它们的稳定性处于硝基芳香族化合物和硝酸酯类之间，这些化合物能成为高能炸药或高爆速炸药原因之一是由于 N—NO_2高能，具有正的生成焓。

表 4.4　部分次级炸药的性能

性质	NG	PETN	TNT	苦味酸	硝基胍	RDX	HMX	特屈儿
分子结构	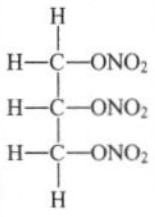	$C(CH_2ONO_2)_4$	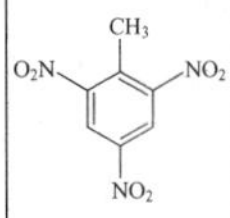	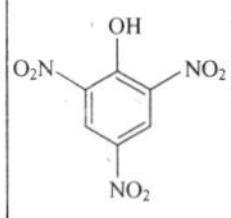	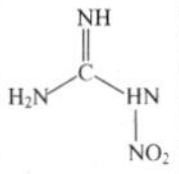	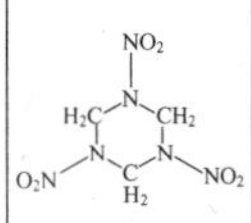	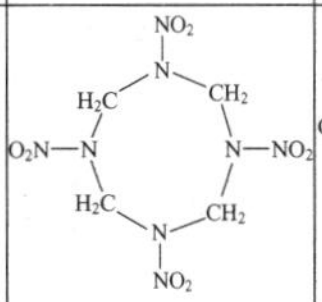	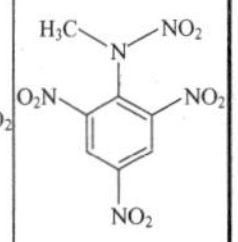
相对分子质量	227.1	316.1	227.1	229.1	104.1	222.1	296.2	287.1
ΔH_f /(cal/g)	-392	-402	-62.5	-225.7	-213.5	76.1	60.4	28.1
OB /%	3.5	-10.1	-73.9	-45.4	-30.7	-21.6	-21.6	-47.4
ΔH_e /(cal/g)	1617	1529	1080	1080	769	1375	1357	1140
密度 /(g/cm³)	1.59	1.76	1.65	1.77	1.71	1.82	1.96	1.73

（续）

性质	NG	PETN	TNT	苦味酸	硝基胍	RDX	HMX	特屈儿
熔点/℃	13.2	141.3	80.8	122.5	232	204	275	129.5
VOD/(m/s)	7600	8400	6900	7350	8200	8750	9100	7570
撞击感度/%TNT	15	20	100	100	200	35	35	50
爆压/GPa	—	32	18	26.5	27.3	33.8	39.3	26.2

4.3.3 爆炸序列类型

传统战争如果没有炸药或推进剂的应用很难想象是什么样。爆炸序列是任何武器弹药的一部分，无论是手枪、大口径火炮、手榴弹还是导弹。爆炸序列主要包含两类，即燃烧推进类和爆炸毁伤类。

如前所述，在上述两种类型中，三个基本的原件或单元即起爆药（点火药）、传爆药和主装药的顺序是相同的。在燃烧推进类，能量传播主要靠燃烧，准确的说是靠爆燃，但在爆炸毁伤类，传播主要靠爆轰。在许多弹药中，两种机理相继作用。

图4.6是装填在火炮中弹药所有的含能材料示意图。总体包含两部分，第一部分即图中的爆炸序列1，它是推进燃烧部分。第一部分作用过程如下：

（1）击针撞击药筒底部的火帽，由于高速撞击和摩擦作用，当击针撞击火帽时火帽中的敏感药发火。

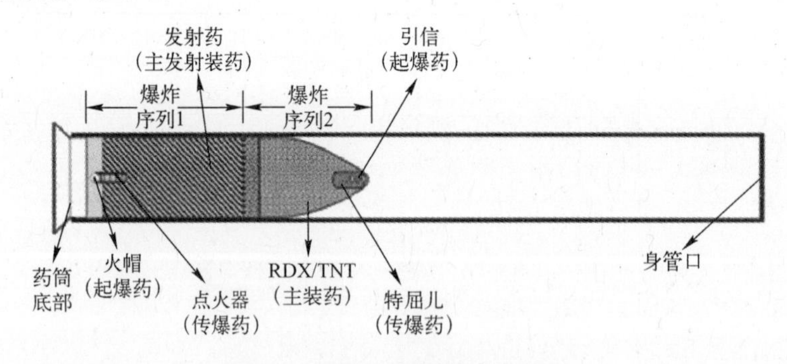

图4.6 弹药中的两种传爆序列

（2）火帽点燃药室中的黑火药，黑火药燃烧产生热的粒子，火焰整个吞没枪炮发射药。

（3）主装枪炮发射药可能有几千克，在几毫秒中燃烧完全，瞬间产生高压高温燃气，推动弹丸到一定速度。

燃烧推进类作用过程只有几毫秒。第二部分在图中的爆炸序列接触到其攻击

目标后引信点火时发生作用,第二部分的作用过程如下:

(1) 在接触目标时引信作用激发起爆药。

(2) 起爆药的冲击波足够引爆传爆药。

(3) 进一步放大的冲击波激发主装炸药,作用于目标。

4.4　军用炸药的性能参数

有趣的是,军用炸药的破坏能力不同。对于榴弹中的碎裂效应(Shattering Effect)炸药,主要是杀伤人员和损坏地面上的易损目标。穿甲或破甲效应炸药主要是撕裂敌方坦克的防护挡板,然后将弹药直接扔进舱中。爆轰效应的炸药主要利用其超高压破坏结构。爆炸成型装药效应的炸药主要是深入渗透较厚的防护装甲。炸药配方的研制以及武器弹药的总体设计都是为了使武器弹药达到以上的一个或多个目的。下面简略介绍各类弹药:

4.4.1　破片效应(破片弹)

炸药装药对其接触周围直接造成的破坏碎裂效应称为破坏能力(Brisance)。在战争中,炸药爆炸使弹壳或手榴弹碎裂,产生高速的碎片,这些碎片能对周围的人员和目标造成大面积损伤。至于碎片的形状、大小和质量取决于要毁伤的目标。在反人员榴弹中,即使是很小的碎片也能够达到杀死或致残敌人,因为每个碎片都相当于一个子弹。另一方面,如果要损坏一架飞行器,那么碎片就要大一些,每个碎片的质量至少5g。该类弹药产生的碎片飞行速度从1000m/s的普通弹药到4000m/s的大炸弹。碎片的形状、大小和速度可以通过炸药配方和炸药与壳体的质量比来调节。在预置破片弹中,碎片形成的大小是通过设计弹药外层壳体预先设计好的。

什么因素决定破片的效果、毁伤性和范围? 破片的毁伤效果与装填炸药配方组成有关,共三个因素,即:(1)炸药爆速;(2)密度;(3)做功能力(能量或比能)。

在爆轰后,冲击波前沿将所有的爆压作用在壳体上。形成碎片的数量、尺寸和速度取决于爆压,爆压取决于因素(1)和(2)。在碎片形成以后,高压气体产物将碎片以极高速度抛出,这就是因素(3)的作用。

Kast提出了炸药毁伤效力(Brisance Value)概念。为了获得高毁伤效力,高爆速炸药配方如RDX/TNT经常用于碎裂弹或破片弹中。文献报道了多种经验方法来确定炸药的毁伤效力,但都将TNT作为标准炸药。“沙实验”(Sand Test)主要是通过标准筛确定0.4g炸药能够破碎的Ottawa标准沙的百分比。“凹痕实验”(Plate Dent Test)是通过在一个标准钢板上起爆已知质量的圆柱形炸药药柱,测量在钢板上凹痕的深度。“压痕试验”(Upsetting Test)通过起爆放置在铅柱或铜柱上的圆柱形炸药药柱,测量起爆后金属柱被压缩的程度,用此来衡量炸药的碎裂效应。

4.4.2 碎甲效应

想损坏坦克的装甲防护板，如果不从其前方穿孔进去还有其他办法吗？采用炸药的碎甲效应即可解决，见图4.7。破甲机理见图4.8。当炸药与装甲紧密接触时起爆，则平板冲击波以压缩波的形式从左向右移动，即从装甲板的前方向后移动。波的强度或振幅与高度成比例。冲击波前沿到达装甲后面时，由于介质不同（从钢铁到空气），波以拉伸波的形式反射回来，对于钢板而言它不再是压缩作用，而是拉伸作用。在钢板的某个特定位置，如图所示，拉伸和压缩强度之间的差值超过了材料的断裂强度。此时，钢板上的一大块将会分离，并从左边被抛到右边，这是由于此时的力是拉伸而不是压缩。被分离部分的速度与炸药的做功能力以及装甲的性质有关，最高能达到130m/s，能够造成坦克中的乘员立即丧命。

由于该类主要是冲击现象，在该类弹药中装填的含能材料需要能产生较高的爆压。通常采用RDX和HMX基炸药。

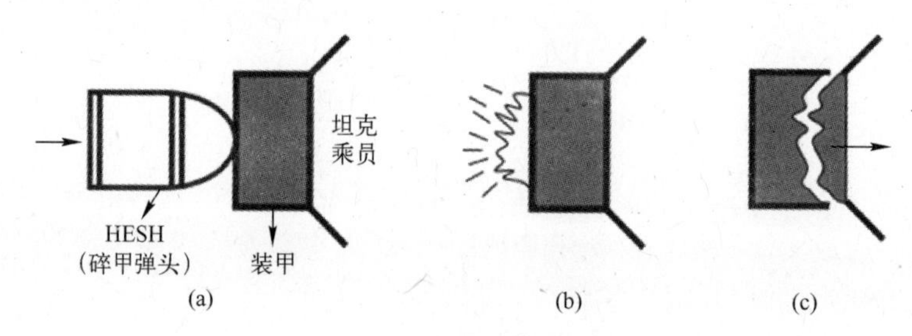

图4.7 碎甲过程

（a）碎甲弹撞击装甲；（b）弹头中的高爆炸药完全贴附在装甲表面并发生爆炸；
（c）内壁的大块装甲分离，并飞向驾驶舱内乘员，杀伤乘员并摧毁设备。

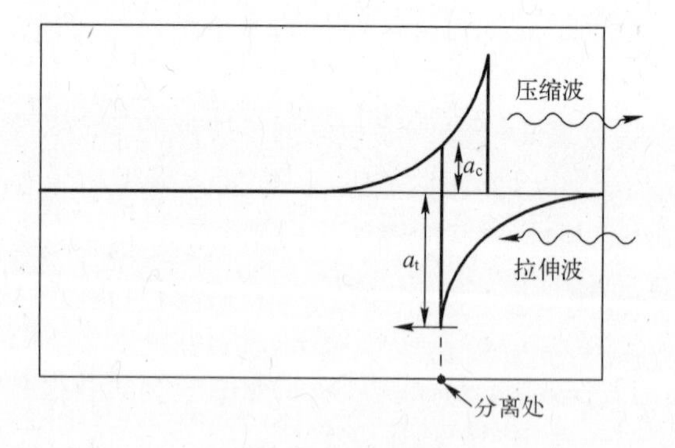

图4.8 碎甲机理

4.4.3 成型装药破甲

1888年，C. E. Munroe发现在炸药装药的圆柱上挖一个圆锥形的孔，起爆时，炸药能够穿透固体目标。进一步的研究确立了采用成型装药或空心装药侵彻硬目

标(如钢)达到最大穿透深度时的理想装药条件。理想条件如下:

(1) 在圆柱形炸药装药的一端打一个同轴的圆锥形孔;

(2) 给锥形孔周围布上可延展的金属(如铜);

(3) 圆锥形孔的底部与钢板目标之间保持一个小的距离,如图 4.9 所示。

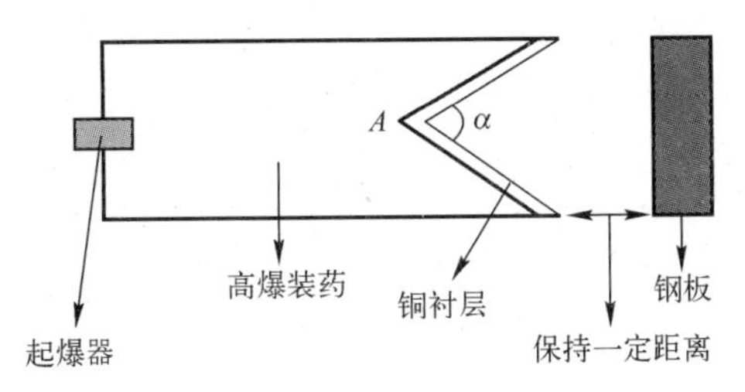

图 4.9　成型装药(射流装药)

当起爆时,炸药所有的能量集中压垮金属衬层,衬层变成金属射流。大约有 20% 的金属变成射流,具有一定的速度梯度,顶部为 9000m/s,尾部为 1000m/s。成型装药如果设计得合适,可以穿透装药直径 8 倍的钢板。

射流的形成机理和穿透机理如下:

(1) 当炸药起爆时,冲击波经过衬层,衬层被加速,衬层向与炸药/金属界面成小角度方向运动变形。

(2) 由于衬层移动的速度与 C/M 之间的比例直接相关(C 是衬层上的炸药装药量,M 是某点处金属衬层的质量),因此在圆锥的顶点如图 4.9 的 A 处,衬层的运动速度最大。当位置从锥孔的顶点移动到锥底时,衬层的移动速度降低。

(3) 因此最早的射流是来自于锥孔的顶点处,其他位置的衬层跟随顶点依次被挤出,但是速度相对要慢。剩下的衬层形成金属块,以较低的速度随着射流运动,见图 4.10。事实上,在某点以后射流变成不连续的。

为什么在设计时需要在金属衬层与装药之间保留一定的间隙?该距离(通常称为装药直径)对于金属射流的形成是必要的,它保证锥孔顶部能够形成很高速度的射流。该距离需要进行优化。如果距离太短,则没有足够的时间和距离形成高速射流;如果距离太大,射流就会被破坏以至于每一个粒子会相互连续碰撞然后离开目标中心。当距离是圆锥直径的 5 倍,且圆锥角为 42°时穿透深度最大。铜最优的衬层厚度是圆锥直径的 3%。

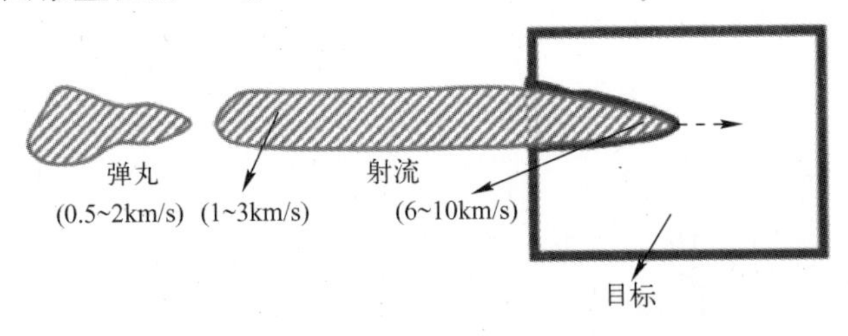

图 4.10　成型装药中弹丸和射流的形成

衬层的穿透能力与射流的动能直接成正比，与穿透截面积成反比。成型装药所装填炸药的爆速和密度与性能也有关系。这是由于穿透的最大驱动力是爆压，等于$\rho D^2/4$，ρ和D分别为炸药的密度和爆速。多数成型装药装填的是RDX基炸药，在特殊应用中，如果需要更高穿透性能，也会采用密度和爆速比RDX更高的HMX。

成型装药主要装填于反坦克战斗部用于穿透坦克装甲，也可作为切割装药用于在混凝土和钢结构（如桥）的毁伤中。由柔性的铅合金以及Λ形界面构成的柔性—线性装药，若装填上钝感炸药后可以用于多种领域。

4.4.4 爆炸效应

爆炸定义为由爆炸引起的高温高压气体快速膨胀的一种现象。第二次世界大战证明炸弹的爆炸效应比碎片效应对设施能造成更大的破坏。在碎片杀伤中，飞行的碎片只对撞击接触的点能够进行毁伤，但是爆轰波能够像地震一样覆盖毁伤一个面，它能够毁伤墙壁、掀翻屋顶和仪器设备，只要人员在致命超压区域也可以杀伤。

当装在壳体或炸弹中的含能材料在受限空间中爆炸时，形成的爆压在10^5个大气压，爆温在3000～4000℃。壳体在如此剧烈的条件下碎裂，有一半的能量破坏和推动破片。剩下的能量（高温高压气体）用于压缩周围的空气形成冲击波，该冲击波有一个较为陡峭的平面波前沿（见第三章）。冲击波以球形从爆炸点向外传播，紧接着是气体产物。仅几毫秒，冲击波由于运动气体的惯性压力下降到大气压，如图4.11中点A。

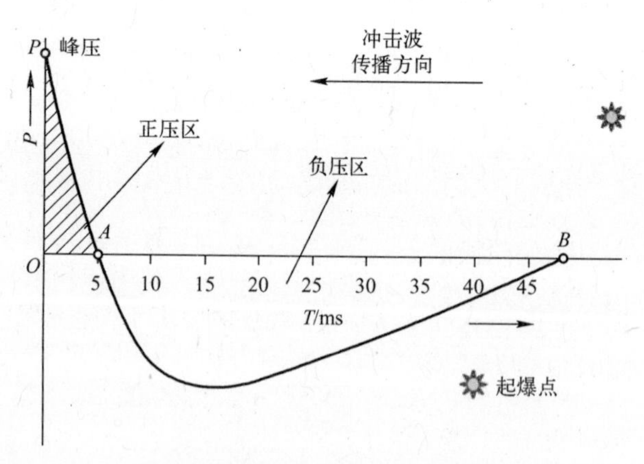

图4.11　冲击波的两个阶段

紧接着是负压区从A→B。在爆轰波区域（包括正压区和负压区）的损伤主要包括：①压力峰值（用冲击波前沿的高度OP表示）；②正压区域面积（封闭区域OPA）。该区域即爆炸波的冲量，等于压力与时间的乘积，或是超压在推进或毁伤物体时所做的功。在第二阶段(负压区,从 A 点到 B 点 x 轴以下的面积),气体以相反方向运动,即向爆轰点方向。此时目标经历的是拉的过程而不是被推的过程。这就解释了当距离窗户某一距离的点处发生爆炸,窗玻璃破碎但是碎片却在窗户外面而非里面。

尽管峰压 OP 和冲量 POA 都具有破坏性,但它们的毁坏潜能与目标类型有关。如果目标很轻但是很坚硬(如窗户有机玻璃板),需要较高的峰压才能破坏。如果目标很重,但结构脆弱(如砖混墙),较低的峰压即可破坏,但需要的毁坏冲量会更高。毁坏一个窗玻璃需要超压 0.07～0.7kg/cm^2 即可,如果需要对人体重要器官靠压缩造成致命损失则需要超压大约 6kg/cm^2。

爆炸效应取决于介质以及周围的环境。在空旷的环境中爆炸波衰减迅速(球面积以 $4\pi r^2$ 递增),在受限空间(如密闭房间)中由于多次反射会增强。在稠密介质中爆炸效应会增强(如水下爆炸),但在稀疏空气中会迅速降低。因此在反高海拔的飞行器导弹弹头中需要装填大量的含能材料来保证有效的爆炸效果。

大多数用于爆炸效应的高能炸药都含有一定比例的铝粉,如 Torpex (41% RDX,41% TNT,18% Al),Tritonal (80% ～60% 的 TNT,20% ～40% Al)和 Minol (40% NH_4NO_3,40% TNT,20% Al)。铝粉在扩大爆炸效应的持续时间方面具有重要作用,以至于炸药的冲量增加。添加铝粉能使爆炸波在正压区域的 $p-t$ 曲线更长、更平,如图 4.12 所示。

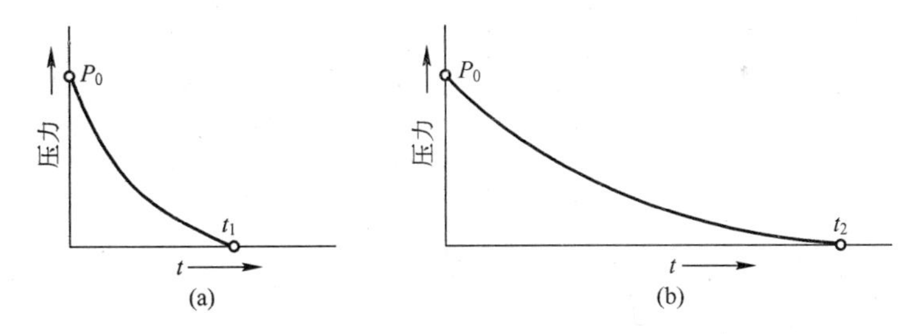

图 4.12　(a)不含铝炸药和(b)含铝炸药的 $p-t$ 曲线

铝粉并没有参加初始阶段的爆轰反应,但是它与爆轰产物如水和二氧化碳之间的放热反应给整个体系增加了大量的热量:

$$2Al_{(s)} + 3H_2O_{(v)} \rightarrow Al_2O_{3(s)} + 3H_2 + 207kcal$$

$$2Al_{(s)} + 3CO_2 \rightarrow Al_2O_{3(s)} + 3CO + 177kcal$$

上述两个反应并没有改变体系气体的总摩尔数(铝粉和三氧化二铝都是固体),由于放出大量的热量,导致火焰温度大幅度增加。温度增加使气体产物的压力增加从而使炸药的正压区域持续时间更长,总的冲量也提高。然而,由于以下两方面的原因铝粉的含量不能超过一定的百分比例。

(1) 过量的铝粉会进一步与 CO 反应形成碳,从而降低气体产物的总摩尔数,进而降低 nRT 的数值。

$$2Al_{(s)} + 3CO \rightarrow Al_2O_{3(s)} + 3C_{(s)}$$

（2）未反应和部分反应的气体与大气中的氧气混合可能产生延迟二次爆炸，因此铝粉在炸药中的含量需要进行优化。

4.5 工业炸药

4.5.1 引言

炸药用于采矿业已有350年的历史，每年全世界消耗的工业炸药至少5×10^6t，大部分是硝酸铵－燃油炸药。

在最初的250年，只有黑火药可以应用，但在1860年发生了革命性的变化（诺贝尔发明了炸药），20世纪50年代出现了ANFO，80年代产生了乳化炸药。为了寻找更廉价、更安全的生产技术及能够在采矿、采石、道路、隧道和大坝建设等方面应用的炸药，对工业炸药的研究从未停止。同时，一些新的炸药由于投资成本和安全环境规定等限制了其应用。

工业炸药的概念内涵很广，无法在本节详细介绍。作者的目的只是梳理出一些重要的概念和应用。

枪炮药是第一类民用的炸药，可以追溯到1627年，首次在斯洛文尼亚应用。紧接着是诺贝尔（图4.13）发明的炸药（含有75% NG），其他的炸药包括低凝固点的NG炸药、在煤矿应用的炸药、起爆药和导爆索。在1930年发现了一类更安全、感度更低和更廉价的爆炸试剂（大多数基于硝酸铵）。爆炸试剂包含铵油炸药（ANFO）、浆状炸药和乳化炸药，它们都是最近出现的。工业炸药在许多国家的经济发展中占有重要的地位，主要应用于采矿、民用工程、农业、石油工程（地震勘探和油层挤压）等。

图4.13　Alfred B. Nobel

4.5.2 工业炸药的要求

军用炸药和工业炸药的主要不同要求在第一章中已经提及过。工业炸药的主要要求总结如下：

（1）生产、操作、运输和储存过程的安全性；

（2）作用过程中的安全性（如在煤的开采过程中不能点燃沼气）；

（3）成本低廉，要求原材料便宜；

（4）足够的强度；

（5）能量输出可调控（剪裁）；

（6）良好的烟雾特征（不能释放有毒气体）；

（7）合理的储存寿命；

（8）耐水能力良好。

炸药化学家需要针对特定用途来设计工业炸药配方。需要依据上述诸多要求选择一个最优的折中方案，这是一项艰巨的任务。他们为了达到这一目的，会用到许多原材料，例如：

（1）对于NG基炸药容易在储存过程中发生酸催化分解，因此会加入解酸剂来提高储存寿命。

（2）凝固点抑制剂加入到NG基炸药中。NG在13°C发生凝固，固态的NG对撞击和摩擦特别敏感。

（3）絮凝剂如NC能避免NG被压出。

（4）火焰抑制剂（如氯化钠）会使工业炸药在有气体的煤矿中安全应用。煤矿中的甲烷特别容易与空气形成危险爆炸混合物。如果矿用炸药的火焰温度较高，持续时间长，强度大，就有可能点燃爆炸混合物，从而形成灾难。氯化钠能消耗掉一部分炸药的能量来使盐离解，从而降低温度和火焰持续时间。

（5）金属细粉，特别是铝粉作为燃料敏化剂（但在有气体的煤矿炸药中不能含有铝粉，因为在爆炸中产生的高温三氧化二铝很容易点燃爆炸混合物，造成灾难）。

同时，需要确保上述各成分是相容的，而且配方的氧平衡近似为0。高的正氧平衡或高的负氧平衡会使体系生成大量的有毒气体（如氮氧化物和一氧化碳），这是不可接受的，在安全、储存稳定性和价格上是不能打折扣的。

4.5.3　工业高能炸药

目前工业炸药可以广泛地分为高能炸药和爆炸剂（Blasting Agent），前者主要成分是NG，后者主要用硝酸铵。NG及其炸药能量大，比硝酸铵基炸药（爆炸剂）抗水能力好，但由于感度、成本以及能量可控的限制使该类炸药不再应用，转而更多应用更安全、廉价和可控的爆炸剂。

NG基工业炸药可以分为以下几类：

（1）代那卖特（Straight）炸药，基于NG和硅藻土。由于其成本高、对冲击和摩擦敏感、烟雾特性差（释放有毒气体）等原因今天几乎不用。

（2）硝酸铵（Ammonia）炸药，在炸药组分中引入了更加钝感的硝酸铵AN，导致爆速低，冲击感度和烟雾特性也有所改善。

（3）“胶质或半胶质炸药”，在炸药中引入少量的NC和其他组分以使NG成胶质状或半胶质状。典型配方包含NG、NC、AN、锯末、氯化钠和解酸剂。该类型炸药可以用作安全许用炸药（Permitting Explosive）——在有气体的煤矿中能够安全使用的炸药。

4.5.4 爆炸剂

由于全世界对工业炸药的需求急剧增加,激发人们寻求不含 NG 的炸药或用含硝酸铵(AN)的炸药代替 NG,因为 AN 是最便宜最安全的且可以向炸药供氧的来源。爆炸剂(Blasting Agents)这一概念来自美国,它们主要是 AN 基炸药,不含高能炸药(如 NG 或 TNT)。它们是雷管引爆炸药(Cap - sensitive)(当一个化合物在用 8 号雷管起爆时能够爆炸就称为雷管引爆炸药,8 号雷管的能量与 2g 雷酸汞和氯化钾质量比 8:2 的混合物相当)。由于感度较低,相对其他炸药,在许多国家针对该类炸药的运输和储存规定都不太严格。一些常见和应用广泛的爆炸剂如下:

1. 硝酸铵 - 燃油炸药

1956 年,Cook 教授写出了 AN 和燃油(94/6)的化学平衡方程式,燃油为饱和碳氢脂肪族:

$$3NH_4NO_3 + \underset{(燃油)}{CH_2} \rightarrow 7H_2O + CO_2 + 3N_2 + 热$$

如果按照化学反应当量比反应放出的能量最大(每克炸药 1.025kcal)。

AN 有五种晶型,在室温下,晶型之间的转变改变了晶体结构和单胞体积。在相对湿度大于 60% 的条件下,AN 容易吸湿和溶解,但该问题已通过包覆解决。如今商品化的 AN 被制成多孔状颗粒,能够自由流动,而且吸收燃油均匀。ANFO 在露天采矿中已经代替了传统的炸药。它可以现场简单地将油加入 AN 袋子中进行混装。ANFO 是雷管引爆炸药,通常用高能起爆药如 pentolite(PETN/TNT:50/50)起爆。如果需要,ANFO 的感度和能量可以通过加入炸药或铝粉、铁粉等来提高。

ANFO 的主要缺点就是它不能在潮湿的环境下使用,该需求导致浆状炸药的出现。

2. 浆状炸药

浆状炸药通常也称作水凝胶炸药或药浆,该类炸药包括:

(1) AN 的饱和水溶液。该水溶液是以下物质的悬浮液:

① 不溶硝酸盐如甲基硝酸铵;

② 金属燃料如铝粉;

③ 有机燃料如乙二醇;

④ 少量敏化剂如 TNT 或 PETN。

(2) 稠化剂如胍尔胶等能够将所有组分黏结在一起。

(3) 交联剂如硼砂(能够使胍尔胶等多聚糖的羟基交联。当胍尔胶由于聚合物结构的解聚而体积膨胀时,交联作用使水凝胶炸药硬化)。

通过引入细小的气泡,浆状炸药能够使点火帽更敏感。但这些气泡在储存过程中容易发生结合。某些时候,引入微球(玻璃或聚合物球的直径约为 40μm)能够解决这一问题。这些空气泡或微球会提高浆状炸药的敏感性,这是因为其中带入的空气发生绝热压缩时会产生高温和热点。

浆状炸药的优点：

(1) 能根据能量和感度需求定制和剪裁；

(2) 加工、操作和运输安全；

(3) 与水兼容；

(4) 良好的烟雾特征；

(5) 密度选择范围宽；

(6) 直接装填在预先打好的空洞中。

3. 乳化炸药

相对于铵油炸药和浆状炸药，乳化炸药是一种更新的产品，具有优异的性能。它们基于“油包水”乳化体系，在该体系中 AN 饱和的水溶液液滴分散在矿物油相中。该乳化体系用表面活性剂稳定化。乳化炸药的优势如下：

(1) 由于氧化剂的超细液滴与燃油亲密接触，炸药反应完全而且在爆轰后有毒烟雾降低，具有高的爆速以及较高的防水能力；

(2) 较高的密度；

(3) 较高的氧平衡。

上述诸因素使得乳化炸药的爆炸效率更高。乳化炸药可以通过泵直接灌入大的炮眼中。它们也能被制成炸药筒的形状代替传统的 NG 基炸药。

除了应用在采矿和采石行业，炸药也可以应用在其他行业，如雪崩的控制，如图 4.14 所示。

图 4.14　美国邦尼湖的一次爆炸触发的雪崩，感谢 Andrew Longstreth 允许使用这一照片

每年由于雪崩都会造成人和财产损失，通过人工激发向斜坡发射是一种经济和实用的雪崩控制方法，并在许多国家中得到应用。当雪块的纽带由于额外应力如雨、风、温度升高和雪重超载等原因断裂时自然雪崩即会发生。很难预测雪崩何时何地发生。目前人工诱导雪崩的方法之一即是采用炸药。控制雪崩的目标是降

低和减少灾难性的雪崩导致的损失。在积雪的上方和内部起爆炸药均可形成雪崩。人工诱发雪崩后，剩下的雪的稳定性能够得到保证，能够避免灾难。炸药可以通过人工直接放在目标区域，或通过炮实现炸药远投。

4.6 炸药的加工成型

以下简单地介绍炸药加工的基本原则。首先纯炸药几乎没有单独应用价值，实用的炸药一般为高能复合炸药，它包含一种或多种炸药以及其他组分。军事上应用的炸药都要求具有一定的力学性能如可机械加工，单质炸药不满足这一要求。要求炸药具有一定的力学性能、热性能、感度和能量输出，就必须使用包含多种组分的复合炸药。当炸药配方组成确定之后，加工此配方的技术也就由配方组分的物理性质所决定。主要的三种加工方法如下：

4.6.1 熔融浇注炸药

在该技术中TNT是主要炸药成分。TNT的优点是其熔点相当低(81℃)，但是其点火温度却很高(240℃)，其他的炸药无此优势。例如RDX的熔点和点火温度分别为204℃和213℃，非常接近。不像TNT，我们不能冒险熔融RDX去制造RDX基的熔铸炸药。由于TNT具有较低的熔点，而其熔融可以通过蒸汽加热。高熔点炸药如RDX和HMX可以加入到熔融的TNT中，并浇注到壳体或炮弹中。

TNT的氧平衡很低(－74%)，因此与其他高氧平衡的炸药如RDX(－22%)混合，可以增加爆速，与氧化剂AN混合也能达到同样的功效。另外，在有些配方中，还会加入铝粉和石蜡，一些典型的可浇注炸药如表4.5所列。

表4.5　典型浇注炸药的成分和密度

炸药名称	成　分	密度/(g/cm³)
Amatol	TNT:60, AN 40	1.56
Composition B	TNT:39, RDX:60, wax:1	1.713
Comp B2	TNT:40, RDX:60	1.65
Torpex	TNT:40.5, Al:18, RDX:40.5, wax:1	1.81
Octol	TNT:23.7, HMX:76.3	1.809
Cyclotol	TNT:23, RDX:77	1.743
Tritional	TNT:80, Al:20	1.72

大部分可浇注的炸药具有机械可加工性。尽管熔融浇注工艺简单和廉价，但最终的装药有时会产生裂缝、变得敏感，在固化过程中会造成沉降，造成组分的不均匀性。

4.6.2　压装炸药

大多数炸药颗粒的晶型决定它们不能采用压装炸药。压装药可能没有理想的粘合力，或者晶体在加工过程中对摩擦和静电敏感。经常在压装前向组分中加入润滑剂或钝感剂（如石蜡）。压装可以分为不同的类型：直接压装（真空或非真空）、分步压装或等静压压装。在制备过程中，压力约为每平方英寸几吨的量级。温度和压力持续时间不同。在某些情况下可以使最终样品的密度接近晶体密度（99%），有时也称作最大理论密度。

4.6.3　塑料黏结炸药

PBX 是指炸药中包含炸药晶体颗粒如 RDX、HMX 以及高分子粘结剂。制备 PBX 炸药的程序如下：

（1）黏结剂高聚物溶解在挥发性溶剂中；

（2）加入炸药晶体或粉末，并搅拌形成药浆；

（3）溶剂可蒸发，使炸药颗粒上包覆一层高聚物。

包覆好的颗粒在高温下通过模压或等静压压装，压力一般在 1 ~ 20kpsi，使 PBX 的密度接近最大理论密度。

炸药中固体含量很高，有时能够达到 97%。大量的高聚物黏结剂能够应用如聚氨酯（Estane 5702 - F1）、聚苯乙烯、含氟聚合物或共聚物（Viton A，Kel - F - 800）、硝基乙缩醛（BDNPA - F）等。PBX 炸药对黏结剂主要要求如下：热稳定性好，低毒性，与炸药组分相容，容易加工，安全和快速固化，低的玻璃化转变温度。

PBX 炸药的最大优势是其力学性能、热稳定性、加工和处理的安全性。一些 PBX 炸药的组分和密度列于表 4.6。

表 4.6　部分塑料黏结炸药的成分和密度

炸药名称	化学式	成分	密度/(g/cm^3)
PBX - 9010	$C_{3.42}H_6N_6O_6F_{0.6354}Cl_{0.212}$	90% RDX，10% Kel - F	1.781
PBX - 9011	$C_{4.406}H_{7.5768}N_6O_{6.049}$	92% RDX，6% 聚苯乙烯，2% DOP	1.69
PBX - 9205	$C_{4.406}H_{7.5768}N_6O_{6.049}$	92% RDX，6% 聚苯乙烯，2% DOP	1.69
PBX - 9501	$C_{4.575}H_{8.8678}N_{8.112}O_{8.39}$	95% HMX，2.5% 聚氨酯，2.5% BDNPF	1.841
PBX - 9404	$C_{4.42}H_{8.659}N_{8.075}O_{8.47}Cl_{0.0993}P_{0.033}$	94% HMX，3% NC，% 磷酸三（2 - 氯乙基）酯	1.844
PBX - 9407	$C_{3.32}H_{6.238}N_6O_6F_{0.2377}Cl_{0.158}$	94% RDX，6% exon	1.61
PBX - 9408	$C_{4.49}H_{8.76}N_{8.111}O_{8.44}Cl_{0.0795}P_{0.026}$	94% HMX，3.6% DNPA，2.4% CEF	1.842
PBX - 9502	$C_{6.27}H_{6.085}N_6O_6F_{0.3662}Cl_{0.123}$	95% TATB，5% kel - F	1.894

推荐阅读

[1] T.L. Davis, The Chemistry of Powder and Explosives, Wiley, New York, 1956.
[2] M.A. Cook, The Science of High Explosives, Chapman & Hall, London, 1958.
[3] W. Taylor, Modern Explosives, The Royal Institute of Chemistry, London, 1959.
[4] T. Urbanski, Chemistry and Technology of Explosives, vols. 1−4, Pergamon Press, Oxford, New York, 1983.
[5] S. Fordham, High Explosives and Propellants, Pergamon Press, Oxford, New York, 1980.
[6] C.R. Newhouser, Introduction to Explosives, The National Bomb Data Center, Gaithersburg, USA, 1973.
[7] M.A. Cook, The Science of Industrial Explosives, IRECO Chemicals, Salt Lake City, UTAH, USA, 1974.
[8] F.A. Lyle, H. Carl, Industrial and Laboratory Nitrations, ACS Symposium Series No.22, Am. Chem. Soc, Washington, 1976.
[9] A. Bailey, S.G. Murray, Explosives, Propellants and Pyrotechnics, Pergamon Press, Oxford, New York, 1988.
[10] Blasters Handbook, Du Pont de Nemours, Wilmington, 1980.
[11] L.E. Murr (Ed.), Shock Waves for Industrial Applications, Noyes Publications, Park Ridge, New York, 1989.
[12] W.R. Tomlinson, Properties of Explosives of Military Interest, Picatinny Arsenal, Dover, N.J, 1971.
[13] C.E. Henry Bawn, G. Rotter (Eds.), Science of Explosives (Parts I & II), HMSO Publication, UK, 1956.
[14] Service Textbook of Explosives, Min. of Defence Publication, UK, 1972.
[15] Military Explosives: Issued by Departments of the Army and Airforce. Washington, DC, 1955.
[16] D.H. Liebenberg, et al. (Eds.), Structure and Property of Energetic Materials, Materials Research Society, Pennsylvania, USA, 1993.
[17] P.W. Cooper, Explosives Engineering, VCH Publishers, Inc., USA, 1996.
[18] C.E. Gregory, Explosives for Engineers, fourth ed., TransTech Publications, Germany, 1993.
[19] E.B. Barnett, Explosives, Van Norstrand Co., New York, 1919.

思考题

1. 哪些因素决定了反应的自发性?
2. 煤的热值比 TNT 更高,TNT 会发生爆炸而煤不会,为什么?
3. 炸药分子中功能团的化学键极化如何影响其感度?
4. 炸药爆炸的两种主要能量形式是什么?
5. 影响炸药爆速的主要因素有哪些?
6. 炸药的临界直径指的是什么? 该如何解释?
7. PETN 的爆炸温度为 3400K,计算其比能是多少?
8. 为什么要在叠氮化铅起爆药中加入斯蒂芬酸铅?
9. 为什么芳香族炸药比硝酸酯炸药更稳定?
10. 燃烧推进类爆炸序列和爆炸毁伤类爆炸序列的区别是什么?
11. 如何增加炸药的毁伤效力?
12. 碎甲过程的机理是什么?
13. 在成型装药中锥形衬层如何碎裂转化为射流?
14. 为什么成型装药中保留一定的间隙是必要的?
15. 铝粉的加入如何提高冲击波效应?
16. 工业炸药的主要要求是什么?

17. 什么是安全许用炸药？为什么要在安全许用炸药中加入氯化钠？
18. 为什么在 ANFO 炸药中 AN 与燃油的比例是 94:6？
19. 浆状炸药中胍尔胶以及微气泡的作用分别是什么？
20. 为什么乳化炸药性能比浆状炸药更优异？
21. 炸药加工成型的三种主要方法是什么？
22. PBX 的优点是什么？
23. 请举出两种高熔点炸药的例子。
24. 密度、爆速以及爆温的关系是什么？
25. 请说明炸药能量指数的定义。
26. 请举出一些爆炸基团和助爆炸基团的例子。
27. 为什么高爆速炸药在煤矿应用中是非常危险的？
28. 谁发明了甘油炸药和起爆雷管？
29. 请举出一些浇注炸药的例子。

第五章　含能材料在推进系统中的应用 I（发射药）

5.1　引言

到 19 世纪，黑火药已经广泛应用在几乎所有种类的火器中。而各种无烟火药的发明则最终代替了黑火药成为各类枪炮的发射药。正如本书第一章中所介绍的，这其中主要的突破来自 19 世纪后半叶诺贝尔所发明的基于硝化棉与硝化甘油的无烟药，这类材料称为火药，用以替代多烟且效率较低的黑火药作为枪炮类武器的发射药组分。事实上，各类小型武器、火炮以及枪支的发射药通常依据不同武器的需求而被制作成不同形状（固体杆状、单管或多管或带沟槽的管状、片状等）及尺寸（1mm 至数厘米）。接下来我们将很快看到为什么我们需要不同形状及尺寸的发射药。这是因为发射药的主要作用是将其中蕴含的化学能转化为载荷的机械能/动能。因此，长期以来，相关研究工作都主要集中在如何提升发射药的能量上，以便能够将更大质量的载荷推送更长的距离。与此同时，另一方面的研究则主要关注如何控制发射药燃烧时火焰的温度以及产生的枪管压力，以确保在发射时枪管不会被腐蚀或发生炸膛的现象。自诺贝尔的发明问世至今已有一个多世纪，在这期间我们在小型火器、火炮以及枪支的发射药的发展方面进行了长期的研究工作，这其中任何一种武器、一种弹药的发射药的发展均是弹道学家与化学家共同的研究成果。前者关注发射药燃烧时载荷在身管内的物理学行为以及出膛后的抛射运动行为，后者主要关注发射药配方的化学特别是热化学性质。

5.2　枪炮：热引擎

图 5.1 展示的是身管武器发射系统的示意图。质量为 W 克的弹壳内发射药（弹丸被固定）在数毫秒内燃烧，产生高温高压推动质量为 M 克的弹丸通过管口。

那么最基础的问题是：在燃烧过程中有多少发射药的化学能转化成了弹丸的机械能？

在热力学中，我们将发射系统称为热机，它从热源获得热量并向外做功，同时达到平衡。如果 Q 代表获得的热量，W 代表所做的功，那么（$Q-W$）就是损耗的热量。

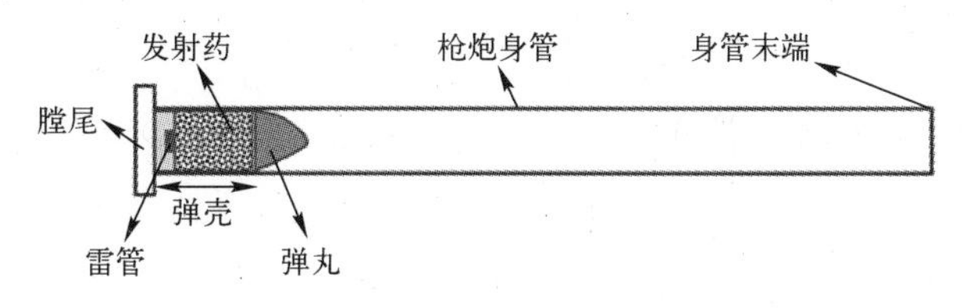

图5.1　身管武器发射示意图

热机的效率定义为有用功在最初所获得热量中所占的比例。将此应用于身管武器系统中,我们认识到其发射系统的行为与热机是相似的。其热源是发射药所提供的总热量 Q(发射药燃烧所产生的总热量 = 发射药的质量 × 燃烧热),而热量的损耗($Q - W$)主要来自于未做功的热气流、枪炮身管的热传递等。因此,可以将身管武器的发射效率(e)归纳如下:

$$e = \frac{W}{Q} = \frac{1}{2}\frac{Mv^2}{Q}$$

式中,v 为弹丸的速度。

一旦我们知道了 Q 的数值并且测量出 v 的值,就可以计算出枪炮的发射效率。通常武器的发射效率一般为30% ~45%,已经大大高于机动车的效率(通常不超过20% ~25%)。

表5.1是发射药燃烧过程中能量转化去向的大致分布构成。

表5.1　发射药燃烧过程中能量转化去向的大致分布构成

机械能	1. 推动弹丸	42%
	2. 克服摩擦力	3%
热能	1. 热气流逸出	29%
	2. 枪炮管身热传导	25%
化学能	未完全燃烧发射药	1%
表中的数字来源于文献[11],尽管表中的发射效率达到42%,但依然大致反映了发射药能量的分布		

根据热力学第二定律,热量不能完全转化为功,这在热机中同样适用。因此,让我们了解一下降低枪炮发射效率的因素。

(1)发射身管的热量损失:合理的枪炮结构设计可以将这部分损失降到最低,但无法完全消除它。

(2)膨胀比:假设 V_1 和 V_2 分别是气体产物膨胀前后的体积(例如身管的总体积),在理想条件下(虽然实际情况无法达到),化学能转化为机械能的效率 e 为

$$e = \left[1 - \left(\frac{V_1}{V_2}\right)^{\gamma - 1}\right]$$

式中,γ 为燃气的绝热指数。

气体扩散程度越高,效率 e 越大,如果要达到100%的效率,则 V_2 为无穷大,也

就是说身管长度为无限长。

(3) 压力梯度:弹丸在身管中运动时存在压力梯度。后坐处的压力(P_1)远大于管口的压力(P_2),二者之间的关系是

$$\frac{P_2}{P_1}=1-\frac{CZ}{2M}$$

式中,C 为发射药装药量;Z 为发射药燃烧比例;M 为弹丸质量。

随着发射药燃烧和弹丸的移动,更高的压力逐渐靠近后坐,压力梯度随之增加,这使得压力不能完全作用于弹丸。

例 5.1

一门炮设计发射效率是 35%,发射炮弹中含有燃烧热为 1050cal/g 的发射药 6kg,那么对于质量为 5.5kg 的弹丸,其初速是多少?

设发射效率为 e

$$e=35\%=0.35=\frac{1}{2}\frac{Mv^2}{Q}$$

$$[M=5.5\text{kg},Q=1050\text{cal}\cdot\text{g}^{-1}=(1050\times4.18\times1000)\text{J}\cdot\text{kg}^{-1}\times(6\text{kg})]$$

$$J=\text{kg}\cdot\text{m}^2/\text{s}^2,\quad J=4.18\text{cal/g}$$

$$0.35=\frac{5.5\text{kg}\times v^2}{2\times(1050\times4.18\times1000)\text{J/kg}\times6\text{kg}}$$

$$v^2=\frac{(0.35\times2\times1050\times4.18\times1000\times6)}{5.5}\text{m}^2/\text{s}^2=3351600\text{m}^2/\text{s}^2$$

因此,弹丸的初速度 $v=1831\text{m/s}$。

5.3 身管内的演变过程

图 5.2 以及下方的描述将有助于读者了解枪炮发射时的程序。我们将发射过程看做是一出总时长为几毫秒的精彩的戏剧,那么枪炮身管就是这出戏剧的舞台。

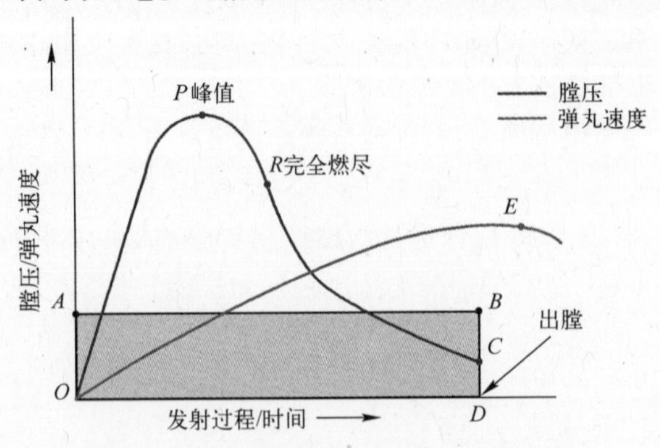

图 5.2　身管内部的压力/速度 - 时间曲线

发射药的点燃是戏剧的开场,而弹丸离开炮口则是整部戏的尾声。图5.2描述了发射过程中,身管压力以及弹丸速度随着弹丸运动的变化。

(1) 弹壳底部的发火帽被撞针撞击。冲击力和摩擦引燃了其中的烟火药剂,随即点燃发射药。这里,我们假设所有的发射药颗粒均被点燃了,尽管这并不准确。

(2) 发射药的爆燃在弹壳内产生大量的高压气体。但此时弹丸依然固定在弹壳当中,只有当高压气体的压力达到某一阈值(也就是发射起始压力)时,弹丸自身与弹壳分离,并从O点开始沿着身管方向运动。

(3) 我们应该了解到,在整个发射过程中,存在两种压力-时间的演变。第一种是身管中的压力随着发射药的燃烧以及气体的变化而增加,即$+\left(\frac{\mathrm{d}p}{\mathrm{d}t}\right)_x$;另一种则是随着弹丸的运动,气体不断膨胀,导致压力随时间而减小,即$-\left(\frac{\mathrm{d}p}{\mathrm{d}t}\right)_y$。

整个发射过程中的主要特征均来自于这两种压力变化的竞争。例如,在身管中压力随时间的变化$\left(\frac{\mathrm{d}p}{\mathrm{d}t}\right)$取决于上述两种作用谁占主导地位。最初,从$O$点到$P$点,压力急剧上升,此时

$$\left(\frac{\mathrm{d}p}{\mathrm{d}t}\right)_x > \left(\frac{-\mathrm{d}p}{\mathrm{d}t}\right)_y$$

这是因为,当发射药被点燃后,发射药开始迅速燃烧,而此时弹丸从静止至开始加速的过程则相对缓慢。

(4) 当达到压力峰值时,也就是P点处,两种作用的相互竞争处于均势。在这一阶段,发射药并未完全燃尽,而弹丸也尚未离开身管。

(5) 达到P点之后,弹丸进一步加速运动,其速度超过发射药燃烧的速度,于是

$$\left(\frac{-\mathrm{d}p}{\mathrm{d}t}\right)_y > \left(\frac{\mathrm{d}p}{\mathrm{d}t}\right)_x$$

(6) 在R点处,所有的发射药燃尽(称为燃尽处),此时,弹丸只运动了整个身管长度大约1/3的距离。

(7) 在C点处,由于管口的压力,弹丸在离开身管后依然继续加速直到E点处(从速度曲线上可以看出)。管口的压力是设计身管武器系统的一个非常重要的参数,因为它可以使弹丸在离开身管时获得额外的推力。类似的,初速也是枪炮弹道学中一个非常重要的参数。

由$OPRCD$所围成的全部面积表示了气体发射弹丸所做的总功。这一区域可以被换算为长方形的$OABD$,其中OD代表了弹丸在身管内运动的时间,OA是身管压力的平均值。

5.4 发射药的能量

第三章中提到的质量燃速，有时也称为燃烧过程中的质量流速，符号“$\dot{m}$”，是一个非常重要的参数。

$$\dot{m} = rA\rho$$

两个参数决定了$\dot{m}$的值（不包括密度 ρ）。首先是能量因素，组分的热量输出(cal val)决定了 r 的值。比如，如果我们在相同温度和压力下分别点燃两根尺寸相同的硝化甘油基的发射药和硝基胍基发射药，前者的燃速要远高于后者。第二个因素是发射药的形状。对于质量相同的两发发射药，当发射药成分确定（r 值确定）时，如果第一发的燃烧表面积（A）比第二发更大，那么前者将比后者更快完全燃尽。此时如果测量两发发射药燃烧导致的气体压力升高的速率，前者也将高于后者。

举一个有趣的例子，上文中提到，众所周知，硝基胍发射药（通常称为冷发射药）燃速远远低于硝化甘油基发射药（热发射药）。但是，如果我们制作两发弹壳，第一发中装填了总质量为 1g 的 1000 颗小圆柱形硝基胍发射药，第二发中装填的是总质量同样为 1g 的 100 颗大圆柱形硝化甘油基发射药。当二者同时点火时，前者会比后者更快燃尽，这主要是由于硝基胍发射药具有更大的燃烧面积，这一规律同样适用于更低温的发射药。

在第二章中已经提到，当发射药燃烧时，只有部分能量能够转化为有用功使气体膨胀 $P\Delta V$，剩下的部分只能用于增加气体的内能（ΔE），即

$$Q = \Delta E + P\Delta V$$

实际上，$P\Delta V$ 可以用 PV 代替，因为在 ΔV（$\Delta V = V_{产物} - V_{反应物}$）中，气体产物的体积要远远大于反应物的体积（通常 1g 发射药的体积小于 $1cm^3$，而产生的气体产物的体积可达 $1000cm^3$）。其次，在发射过程产生的高压环境下，气体不再是理想状态，因此，我们必须用共用体积因子 b 来校正产物气体所占据的体积，因为高压下分子自身体积具有重要价值。所以，实际计算时，我们用气体占据的有效体积 $(V-b)$ 来代替 V。那么，当发射药在枪炮身管内爆燃时，这些参数具有如下关系：

$$P(V-b) = nRT_0$$

式中，T_0为发射药的火焰温度。

将其代入上面方程中，可得

$$Q = \Delta E + nRT_0$$

关于发射药的能量热性，下面的几点需要记住：

(1) nRT_0表示的是发射药的有用功。它表示在发射药燃烧过程中，有多少焦耳能量能够专门用于推动弹丸。所以，它的单位 J/g 也被称作推力或者推力常数。当弹丸质量以及发射药质量确定时，nRT_0的值越高，弹丸的初速也就越高，相应的

射程也越远。目前，固体发射药 nRT_0 的最大值可达 1300J/g。

（2）由于 T_0 正比于 Q，所以发射药的能量越高，所能达到的推力就越大。

（3）类似的，如果组成发射药的化合物分解时能够获得更大的 n（每克发射药产生气体产物的摩尔数），nRT_0 的数值也会相应上升。

（4）一种可能存在的情况是，发射药 A 的能量要低于 B，但却有更高推力常数。比如，NG 和 RDX 的能量分别为 1750cal/g 和 1360cal/g，但它们的推力值分别为 1318J/g 和 1354J/g。这是由于 1mol 的 NG 能够产生 7.25mol 的气体产物，而 1mol 的 RDX 则可以产生 9mol 气体产物，即 RDX 的 n 比 NG 大幅提升，不但抵消了能量上的不足，反而使推力有所增加。

（5）当火焰温度过高时，气体将会侵蚀身管昂贵的内壁，这就要求必须对 T_0 有所限制。因此，研究发射药的工作者们一直不断尝试在 T_0 最优的前提下尽可能提升 n 值。由此可以判断，上面所举的两个例子中，RDX 基的发射药比 NG 基的发射药更受欢迎。

（6）气体产物的热容比 $\gamma(=C_P/C_V)$ 会影响武器的性能。从 5.2 节可知，化学能转化为机械能的效率 e 表示为

$$e=\left[1-\left(\frac{V_1}{V_2}\right)^{\gamma-1}\right]$$

当扩张比，即 (V_2/V_1) 确定时，e 随着 γ 的提高而提高。

以硝化甘油和 RDX 为例，计算两种化合物爆燃过程中相应产物的 γ 值的摩尔均值分别为 1.3350 和 1.3773（根据 CO、CO_2、H_2O、N_2 以及 O_2 的标准 γ 值）。将其代入上述方程中，假设扩张比为 20（即 $V_1/V_2=20$），通过计算可以得到，硝化甘油体系效率 e 为 63.3%，而 RDX 体系的效率 e 为 67.7%。因此，在不考虑 nRT_0 的前提下，RDX 的效率比 NG 更高，这主要是由于身管内气体的膨胀。

综上所述，影响发射药能量的参数主要有三个：

（1）T_0——火焰温度（有上限）；

（2）n——每克发射药气体产物的摩尔数；

（3）γ——气体产物的热容比。

例 5.2

硝基胍（$CH_4N_4O_2$ 相对分子质量为 104.1）的推力为 964J·g^{-1}。计算其绝热等容火焰温度 T_0（$R=8.314$J/(g·mol)）。

硝基胍的爆燃过程如下：

$$\underset{(104.1g)}{CH_4N_4O_2}\rightarrow \underset{(5mol)}{CO+H_2O+H_2+2N_2}$$

104.1g 反应物可以产生 5mol 的气体。

因此，1g 反应物产生的气体为 5/104.1mol，即 $n=5/104.1=0.048$mol/g

推力 $F=964$J/g

$$F=nRT_0,\quad T_0=F/nR$$

$$T_0=\frac{964\mathrm{J}\cdot\mathrm{g}^{-1}}{0.048\mathrm{mol/g}\times8.314\mathrm{J/(K}\cdot\mathrm{mol)}}=2416\mathrm{K}$$

（注意：本例中计算得到的火焰温度比很多爆炸物的 T_0 要低得多，这也是为什么硝基胍发射药被称为低温发射药的原因。）

5.5 发射药药柱的构型

发射室内压力－时间曲线的形状以及压力峰值是非常重要的。虽然发射药的能量大小对性能至关重要，但能量的传递速度同样也对发射药的性能有着重要的影响。我们无法想象弹壳内的高能发射药像炷香一样在身管中缓慢燃烧数分钟。那样，毫无疑问，弹丸永远也无法飞出枪膛。因此，发射药的形状必须最优化以便能够在几毫秒内达到压力峰值，进而推动弹丸迅速达到理想的初速。

假设弹丸没有发生运动，发射药燃烧过程的气体产物的体积不变，对于给定的 $\dot{m}$ 值，气体的压力会近乎线性地升高，即

$$\frac{\mathrm{d}p}{\mathrm{d}t}\propto\dot{m}\propto rA.\rho$$

当然，实际情况中，弹丸并不是静止的。弹丸不断向前运动，气体也随之膨胀。因此，并不能通过给定的 $\dot{m}$ 值推算快速增长的 $\mathrm{d}p/\mathrm{d}t$ 的数值；另一方面，如果气体膨胀的速率大于气体生成的速率，$\mathrm{d}p/\mathrm{d}t$ 的数值则会出现下降。这就要求药柱的外形设计能够使得 $\dot{m}$ 的值随时间变化而增长。这一点可以通过药柱的增面燃烧得以实现，例如表面积随着时间而增加，数学表达如下：

$$\dot{m}=rA\rho$$

这里假设 r 与 ρ 均为常数，则

$$\frac{\mathrm{d}\dot{m}}{\mathrm{d}t}=(r\rho)\frac{\mathrm{d}A}{\mathrm{d}t}$$

如何能够实现药粒的增面燃烧？让我们暂且放在一边，首先看看什么是“网距”，以及减面燃烧、恒面燃烧和增面燃烧这三种燃烧模式都是什么意思。

网距是垂直于燃烧表面的燃烧范围能够达到的最小距离。

一个管形药柱（图 5.3），当药柱被点燃时，燃烧过程从外向内（从 B 到 A）和从内向外（从 A 到 B）同时进行。在这个药柱中，AB 以及 CD 的厚度就是该药柱的网距，它代表了燃烧过程经过的最小距离。本例中，燃烧是两个方向同时进行的，因此有效网距应该是 $AB/2$ 或 $CD/2$。如果发射药的燃速为“r”mm/s，网距长为“x”mm，那么整个药柱燃烧的时间为“$x/2r$”s。现在，让我们看一下三种燃烧模式。

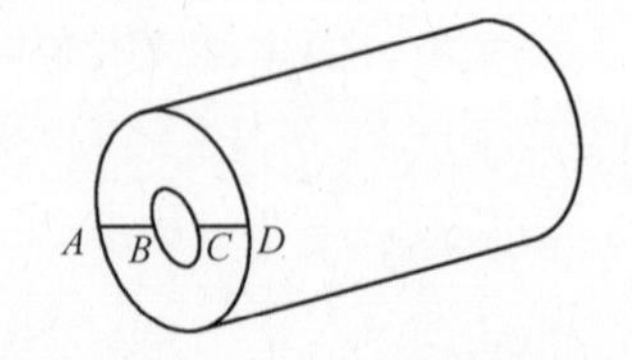

图 5.3　药柱几何结构图

5.5.1　减面燃烧

如果药柱的表面积随着燃烧的进行不断减小，这种情况就称为减面燃烧。例如圆柱形药柱。图 5.4 是该种燃烧模式的 $P-t$ 曲线。

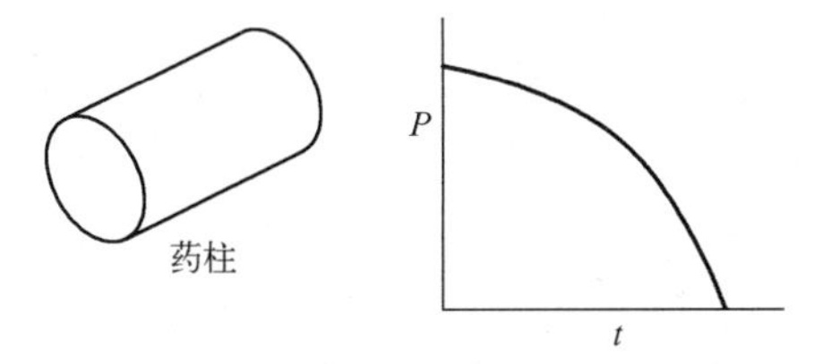

图 5.4　减面燃烧示意图

5.5.2　恒面燃烧

如果药柱的表面积在整个燃烧过程中基本保持不变，这种情况就称为恒面燃烧。例如管状药柱。图 5.5 是该种燃烧模式的 $P-t$ 曲线。

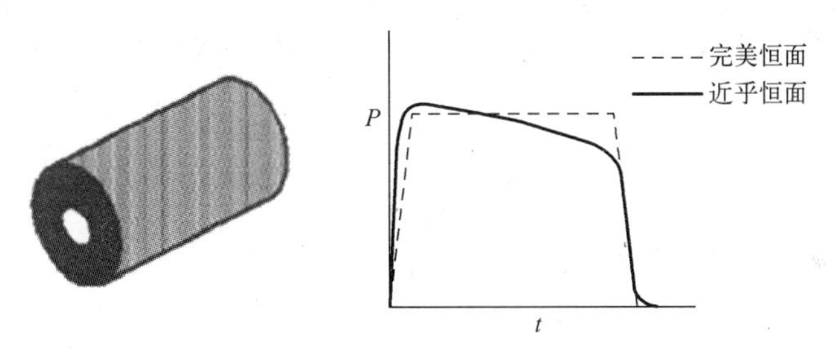

图 5.5　管型药柱恒面燃烧示意图

在管状药柱的燃烧过程中，从内向外的燃烧带来的燃烧表面积增大被从外向内的燃烧所导致的燃烧面积减小抵消。所以，在燃烧过程中的任何一个时刻，有效燃烧表面积都是一样的。因此，$P-t$ 曲线在整个过程中保持水平。严格来说，虽然药柱内外的燃烧表面积变化相互抵消了，但药柱两端的燃烧面积却是不断下降的，因此整个药柱的表面积是有轻微下降的。这将产生轻微的减面燃烧，因此只能说整个燃烧过程是近乎恒面的。这一影响随着药柱长径比的增加而减弱（在火箭推进剂中，药柱的两端被惰性的聚合物包覆而不会燃烧，此时的 $P-t$ 曲线就可以达到完美的恒面）。

5.5.3　增面燃烧

如果我们使用多孔型药柱，如图 5.6 中的七孔型药柱。当药柱被点燃时，所有的 7 个孔洞与药柱的外表面同时被点燃。此时，7 个孔洞带来的表面积的增加要远远高于外表面积减小的速率。因此，在整个燃烧过程中，有效燃烧表面积将会增加（图 5.6）。

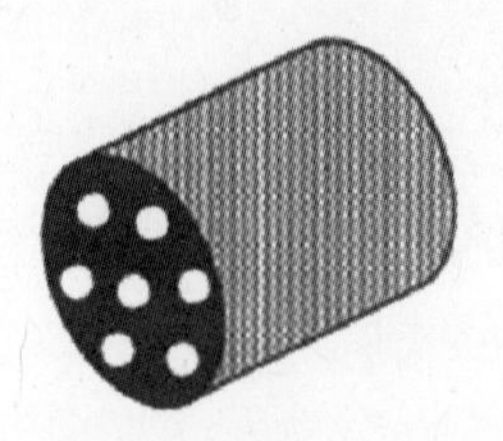

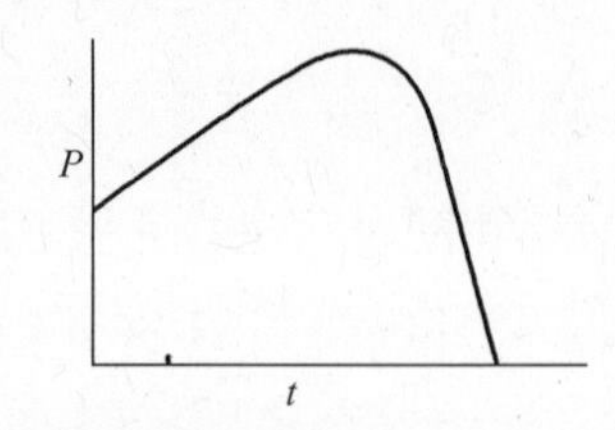

图 5.6　多孔药柱增面燃烧示意图

现在回到我们关于如何设计一个增面燃烧的药柱来达到高的峰值压力（在条件允许的情况下）的问题上，我们可以找到原因解释为什么多孔型结构的药柱在发射药中，特别是高能武器如坦克炮中比较普遍。

人们发现，特别是在便携式军火武器中，绳类或球状发射药（通常称为球型药）通常表现出明显的减面燃烧。产生这种现象的原因主要是由于与大口径武器相比，这类武器的身管非常短，因而在发射过程中没有足够的时间产生增面燃烧。当前，对于峰值压力的要求也越高。绳状或球形发射药在开始阶段撞击弹丸的过程中具有最大的表面积。但值得注意的是，通过在发射药的表面包覆负生成热的材料（例如酞酸酯，其同时也作为增塑剂）可以避免压力过大以及炸膛，因而也能够保持燃速控制在一定范围以内。这有点像汽车发动机启动时在四挡，但维持一个安全的压力在制动挡。

上面介绍了两种因素（能量和药型）决定了药柱能以多快的速率燃烧，这种速率正是发射药发展的动力。

5.6　枪炮内弹道学的主要方面

弹道指的是弹丸运动的轨迹。引用应用物理学的概念，枪炮的内弹道学主要研究与弹丸在武器身管内运动相关的发射药的弹道性能。这个领域的理论研究大量开始于 19 世纪 70 年代。本节中，我们不可能对本领域所有的工作都进行详细的分析，主要介绍其中一些重要的节点。

（1）利用能量守恒方程、动力学方程（与弹丸的运动相关），特定弹道条件下发射药的燃速法则以及形状函数能够建立枪炮参数（例如枪炮口径、弹丸质量、速度、任意时间段 t 内的移动距离以及燃烧室容积等）与发射药参数（如燃烧热值、力学常数、弧厚以及药柱形状函数、密度、比热/单位体积气体产物的压力/温度比以及非理想条件下气体状态方程等）之间的相互关系，进而研究枪炮武器的内弹道学。

（2）燃速法则。1885 年，Vielle 提出了一个关于发射药的线性燃速（r）与燃烧状态下压力（P）的公式：

$$r = \beta P^{\alpha}$$

式中，α 为压力指数；β 为发射药的燃速系数。

这个公式同时适用于火箭推进剂与枪炮发射药。对于火箭推进剂来说，α 通常在0.2～0.5(在火箭推进剂中,常常用字母“n”来表示压力指数);而在枪炮发射药中,压力指数通常为0.8～0.9。发射药具有较高的压力指数主要是由于发射药燃烧时的高压(4000～6000kg/cm^2),而火箭推进剂燃烧时压力通常不超过200kg/cm^2。

高压将会导致:

(1) 燃烧化学反应速率更高;

(2) 从高温气相到燃面(凝聚相)的热传导速率更高。

$\lg r$ 与 $\lg P$ 呈直线关系,其中 α 为斜率,$\lg\beta$ 为直线在 y 轴上的截距。

对于发射药来说,α 的数值几乎为常数,β 的数值则与发射药的组分密切相关。对于一个已确定的发射药配方,β 的数值越高越不利,这有可能导致发射药不受控燃烧或出现载荷能力问题。例如,对于发射药配方1和配方2,假设其 α 均约为1,那么它们的燃速方程如下:

$$r_1=\beta_1 P,\quad r_2=\beta_2 P$$

$$\beta_1=\left(\frac{r_1}{P}\right),\quad \beta_2=\left(\frac{r_2}{P}\right)$$

β 的单位为cm/(s·MPa)(1MPa≈10.1kg/cm^2)。如果 $\beta_1\gg\beta_2$,这意味着在任何给定压力下,发射药1燃速均远远高于发射药2。因此,对于一个确定的药柱外形,β 值过高将会导致身管内产生的压力超过安全极限。另一方面,如果我们想要增加发射药的弧厚(即降低每个药粒的表面积),弹壳的有效装填体积将不能够满足发射药的装填质量,也就是说发射药无法完全装填。应该注意的是,对于已确定的弹壳体积,单个药粒的体积越大,发射药能够装入的质量越低。目前,大多数发射药的 β 值一般为0.2～0.3cm/(s·MPa)。

例5.3

某发射药在500MPa压力下燃烧时,其 β 与 α 的数值分别为0.25cm/(s·MPa)和0.92。计算发射药在该压力下的线性燃烧速度。

根据Vielle定律:

$$r=\beta P^{\alpha}(\beta=0.25\text{cm/(s·MPa)},\quad \alpha=0.92,\quad P=500\text{MPa},\quad r=?)$$

$$\begin{aligned}\lg r&=\lg\beta+\alpha\lg P\\&=\lg0.25+0.92\lg500\\&=1.8810\end{aligned}$$

$$r=A\lg(1.8810)=76.03\text{cm/s}$$

(3) 状态方程(EOS)。通常的EOS指的是 $PV=RT$(对应于1mol理想气体)。实际中,没有气体是理想的,并且随着压力升高,非理想行为会增加:

① 与气体所处的容器体积相比,分子本身的体积所占的比例会增加,需要对二者共有的体积(简写为 b)进行修正,因此EOS修正为 $P(V-b)=RT$。

② 由于分子之间更加接近,分子间相互作用力增加,需要增加分子对容器施

加的压力，其数值为 a/V^2。

范德华方程的形式变为

$$\left(P+\frac{a}{V^2}\right)(V-b)=RT$$

（a 和 b 称为范德华常数）

Abel 和 Noble 认为，在 2000 ~ 3000K 范围内（发射药爆燃的温度范围），分子间作用力可以忽略，所以上述方程可以简化为 $P(V-b)=RT$ 或者 $PV=k+bP$（k 为常数），这就是 Noble - Abel 方程。PV 与 P 成直线关系，其斜率为 b。通常，b 的范围在 $1\text{cm}^3/\text{g}$。

在高压条件下，若排除分子间作用力的影响，则不能够呈现最准确的状态。因此，Noble - Abel 方程不能成为弹道性能计算的基础。科研工作者尝试提出了很多非理想气体方程，但其中的绝大多数无法在枪炮发射的条件下应用。简化的 Virial 方程重点考虑了分子间释能（基于 Lennard - Jones 提出的理论），是一个进步，尽管它依然不是足够精确。

（4）计算机程序。尽管很多计算机程序被用来计算不同反应的热动力学过程，但仅有少量特定的程序用于发射药燃烧的研究，例如 TRAN72 以及 BLAKE，这些程序在更大程度上考查了非理想气体的影响以使其结果更接近真实解。这些程序能够进行的动力学计算包括恒量气体产物的平衡浓度，以及不同压力下枪炮弹道条件。想要了解更多信息，请阅读本章末尾处给出的相关文献。

（5）密闭容器（CV）试验。使用大量的发射药进行枪炮发射来进行初步的性能评价或生产过程中质量控制，其代价是十分昂贵的。而 CV 装置正是用来解决这一问题的。CV 试验的原理是利用点火器如火药等点燃已知装填密度（例如，已知质量的发射药装填在 CV 内部固定空间内）的发射药并测量其压力的变化以及压力随时间的变化。CV 是一种简单的实验室仪器，并不能够精确地代替枪炮本身，这是因为：①CV 不能够精确模拟枪炮身管中，气体随着弹丸运动而产生的扩散过程；②气体会在 CV 内点燃后迅速冷却。但是 CV 燃烧试验依然可以作为一种在进行真实枪炮发射试验前的初期试验手段。

测量得到的压力随时间变化 $\mathrm{d}P/\mathrm{d}t$ 与 P 的相关性，通常会与标准发射药进行对比以评估其弹道性能。

图 5.7 是典型的发射药 $\mathrm{d}P/\mathrm{d}t$ 随 P 变化的曲线。标准发射药以及目标发射药在相同装填密度以及温度下点燃，通过两个参数对它们进行对比：

① 相对推力（RF）：这是一个最大压力的函数，从中可以得出单位质量发射药能够输出的总机械能；

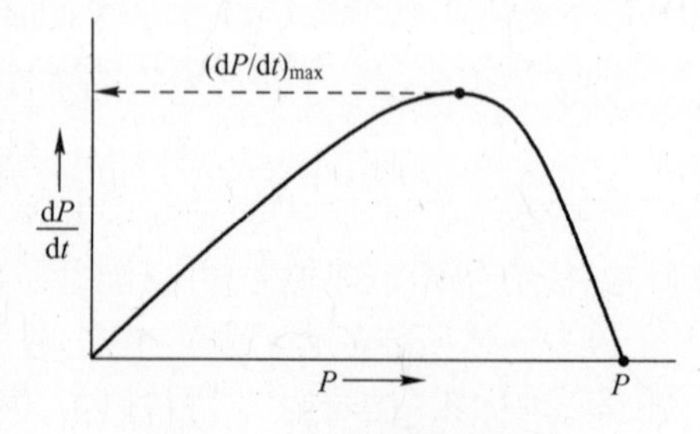

图 5.7　密闭容器燃烧曲线

② 相对活性(RV)有如下关系：

$$\left(\frac{\mathrm{d}p}{\mathrm{d}t}\right)_{\max} \times \frac{1}{P_{\max}}$$

(具体方程这里没有给出。)从中可以得出发射药燃烧的速率,例如机械能输出时的速率。正如稍早提到的,它们由发射药成分的能量因素以及药柱的形状因素所共同决定。

一个主要的界定枪炮内弹道计算的因素是结构函数,它限定了燃烧时特定形状发射药药柱的表面积变化的方式,其公式如下：

$$Z = (1 - f)(1 + \theta f)$$

式中,Z 为燃烧时间为 t 时的药柱部分;f 为在最小厚度时间时剩余的部分;θ 为形状函数。

对于恒面燃烧结构(如长管形),θ 的值为 0;对于增面燃烧结构,θ 为负值;而对于减面燃烧,θ 为正值。

5.7　发射药配方化学

发射药化学工作者的工作是非常艰难的。要开发一种发射药,需要同时满足武器对于发射药成分、形状和尺寸的复杂要求。不仅要满足能量的要求,发射药还需要同时面对以下要求：

(1) 能量输出要求:热值/nRT_0/装药量。

(2) 制造工艺:包括成本,原材料易获取,制造过程的危险性,发射药的流动性和黏度,环境适应性以及重复性等。

(3) 储存要求:温度循环(高和低)对性能的影响,力学性能,吸湿性,增塑剂迁移性等。

(4) 兼容性要求:加工设备、操作人员的兼容性(主要是毒性的要求)以及物料的通用性。

(5) 力学性能:在高压下(身管内)具有好的抗压强度以及压缩百分比(如果在点火前,药柱由于压力而开裂,额外暴露的表面将会增大身管的压力而产生灾难性的后果,)。以便能够承受高推力和暴力操作。

(6) 可靠的性能:确保燃速、RF 以及 RV 的可重复一致性。

(7) 系统要求:无烟焰无废气,点火以及燃烧的稳定性,避免压力波的产生,避免燃烧转爆轰(DDT)的产生,最低的热敏感性,高速度破片以及其他条件。

通常,要想同时满足上面的要求是极其困难的,对于发射药的成分必须是在对所有因素进行统筹考虑后做出的最优化的选择。

发射药的组成主要包括以下几种组分：

(1) 含能黏合剂:用来将所有组分粘接起来结合成一个药柱并且能够提供能

量(NC是最常用的黏合剂)。

(2)增塑剂:含能增塑剂(如NG),以及其他燃料型增塑剂(如邻苯二甲酸酯)。

(3)稳定剂:如二乙二苯基脲、二苯胺等。

(4)冷却剂:如二硝基甲苯等。

(5)消焰剂:如钾盐等。

当今,一般将发射药分为四类:

(1)单基发射药:主要基于NC,同时也包括增塑剂、稳定剂以及消焰剂等(用于手枪以及小口径枪炮)。药柱根据其弹道性能要求通常为绳形或管形,通过溶剂挤压法制作。

(2)双基发射药:通常用于小口径枪械及火炮。基于NC+NG的塑化基底(比单基药能量更高)+增塑剂+稳定剂+冷却剂,药柱形状可以为管状或多管状或细小球状(称为“球形药”),以及在部分火炮中应用的片状发射药。它们主要通过溶剂或非溶剂法挤压制成。

(3)三基发射药:基于NC+NG+硝基胍的发射药体系,也含有与上述两种发射药类似的添加剂。该体系中由于含有富氮的硝基胍因而具有低燃温以及高放气量的特点,通常用于大口径枪炮。这种发射药也可通过溶剂挤压法制备。

(4)低易损弹药发射药(LOVA):组分中不含有NC的不敏感发射药,其发展始于一次发射药被高速弹丸冲击的偶然事件。这类发射药基于惰性聚合物黏合剂(如醋酸纤维素),此外还加入了不敏感RDX用于提升发射药的能量。一些典型的组分以及相关的性能参数见表5.2。

表5.2 几种典型发射药的组分及其能量特性

参数	单基发射药		双基发射药		三基发射药		硝胺发射药	
组成/%	NC (13.5% N)	90	NC (12.2% N)	49.5	NC (13.1% N)	20.8	NC (13.5% N)	30
	DNT	7.5	NG	47.0	NG	20.6	RDX	60
	DBP	1.5	二乙二苯基脲	3.5	硝基胍	55.0	DNT	5
	DPA (+0.5部分 K_2SO_4)	1.0			二乙二苯基脲	3.6	DOP	4
							二乙二苯基脲(+1 part K_2SO_4)	1
热值/(cal/g)	850		1175		880		1000	
火焰温度/K	2850		3600		2793		3236	
平均相对分子质量/mol^{-1}	23.8		25.6		22.4		22.4	
力常数/(J/g)	987		1168		1037		1190	
线性燃速/(cm/(s·MPa))	0.10		0.25		0.13		0.15	

(部分化学品名称缩写:DNT——二硝基甲苯,DBP——邻苯二甲酸二丁酯,DPA——联苯胺,DOP——邻苯二甲酸二辛酯, NC——硝化棉,NG——硝化甘油)

除了球形药(即球状的发射药),大部分的枪械发射药均是通过挤压法制成的。典型单基发射药的主要工艺流程如下:

(1) 脱水干燥。潮湿的硝化棉通过与乙醇混合后挤出来脱水(干燥的硝化棉对于撞击以及热非常敏感,因此保存时通常使其含水量不少于30%)。

(2) 混合。NC(依然含有少量水和乙醇)与其他组分在反应器中混合。当混合物呈半胶化时加入一定量乙醇和醚的混合物。在其半胶化状态下,NC的纤维素结构被部分破坏(完全纤维结构的NC燃烧速度过快,发射装药燃烧过程中,这会产生非常大的压力进而可能导致枪管炸膛。如果NC完全胶化,燃速则会过慢而不能产生足够的峰值压力,不能够使弹丸发射产生足够的初速度。因此需要使NC呈半胶化态)。

(3) 挤出。将混合好的药料装入挤压模具,通过挤压得到不同横截面要求的长条状发射药。

(4) 剪切。根据需求将长条状发射药剪切成预定长度的药柱,并根据不同要求干燥以减少药柱中的溶剂含量(挥发%)。

(5) 石墨包覆。干燥的药柱需要在其表面包覆一层石墨,主要有以下三个目的:

① 石墨能够确保药的自由流动,因此,在弹壳中能够有比较好的装填密度;

② 石墨是良好的导体,有助于避免发射药因为静电刺激而被意外点燃;

③ 有助于发射药储藏过程中隔绝水汽。

(6) 筛选药柱。进行筛选以剔除其中一些形状不对或者损坏的药柱,提升发射药的质量。

(7) 混同。每批药柱均需要进行弹道性能评估(如CV),并根据的弹道性能将不同批次的发射药柱混合。

在发射药的制作过程中,需要关注三个主要因素:

(1) 质量控制。严格的质量控制需要从原材料的检查一直到最后不同批次药柱的混合全程严格执行。例如,如果NC的含氮量较低(硝基的百分比在整个链中较低),将会降低发射药的能量。如果NC在醚醇中溶解度超出规定,将会导致NC胶化过度,进而降低发射药的燃速。每一个环节的参数都必须小心谨慎地认真对待,以确保所制备的发射药的质量及其性能的重现性。(有时,发射药制备被描述成为一门艺术,这种描述具有一定的道理。这很像一位经验丰富的糕点师与一位新手同时烘焙一块蛋糕。尽管二位都知道详细的烹饪方法,也拥有同样种类的原材料,但经验丰富的糕点师将更容易获得品质更好的蛋糕。发射药的制作工艺与此类似,经验将起到关键性的作用。例如,一位经验丰富的发射药制备技师通过观察以及触摸药料就能够判定其胶化程度是否达到要求。)

（2）安全性。糕点师失败了还能再来一次，而发射药制备技师则不能。在发射药制备过程中需要处理敏感的含能材料以及易燃的溶剂。发射药制备过程中的安全规章制度诸如管理制度、耐火配件、穿着棉质工作服以及防静电鞋（避免携带静电电荷）、确保一定的相对湿度（不低于60%）、穿戴防护设备、严格遵守进度安排等。大量的例子表明在安全预防方面的任何一个小的疏漏都有可能酿成致命的事故。

（3）包装。根据规章制度进行适度的包装（包括内部和外部的），不仅能够确保运输和储藏过程中的安全性，也能够使发射药有一个长的保存期限。

下面将介绍发射药部分主要组分扮演的角色。

1. 硝化棉

硝化棉（NC）首次合成至今已经超过一个世纪，但依然是很多发射药的主要组分。这是因为NC的母体化合物纤维素是一种性能卓越的材料。纤维素是一种发现于植物中的天然聚合物。它是一种长链多糖聚合物，通过吡喃型葡萄糖单元相互连接。纤维素与NC的分子结构如下所示：

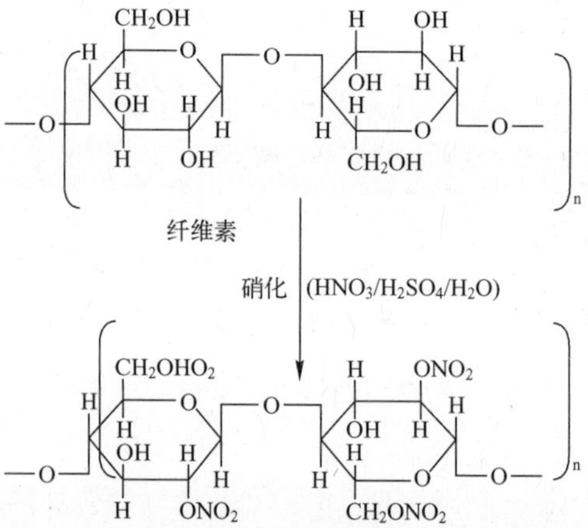

纤维素

硝化 $(HNO_3/H_2SO_4/H_2O)$

硝化棉（部分 $\frac{2}{3}rd$被硝化）

每个纤维素的六元基环中均含有三个羟基，即一个伯羟基（—CH_2OH）和两个仲羟基（—CHOH）。每一个纤维素单元可以写作经验化学式（$C_6H_7O_2(OH)_3$）。上图方框内显示出两个这样的单元结构。

纤维素是一种具有大量重复单元的长链聚合物，因此具有高的相对分子质量。纤维素的相对分子质量取决于其制备原料是来自棉绒还是木浆。其相对分子质量的范围从数十万至数百万不等。当纤维素被纯化并用 $HNO_3/H_2SO_4/H_2O$ 混合物（也称为硝化混合物）硝化后，就可以得到上图显示的NC。下面是一些与NC相关的知识点。

（1）根据NC的最终用途，NC的种类很多且性能各异。其中一些重要的属性包括：①含氮量；②相对分子质量（将NC溶解于溶剂如丙酮中或者使其胶化在混合溶剂如醇+醚中,通过测定溶液黏度来确定);③平均链长。这些性质取决于纤维素的来源以及硝化反应的条件,例如温度、压力、反应时间、硝化混合物的实际组成比例以及纤维素的硝化工艺。例如,双基火箭推进剂需要的NC,相比发射药而言,需要具有更低的黏度以及相对分子质量。为达到此目的,需要将NC在压力下煮沸以破坏其分子链结构至一定的长度。

(2) 很难使纤维素中的所有—OH基团都被硝化从而获得完全硝化的NC(理论计算其含氮量应为14.14%)。

(3) 含氮量。通过调节硝化混合物的组分、硝化混合物与纤维素的比例、硝化温度以及反应时间等,可以获得不同含氮量的NC。如果x是硝基的平均数量(每个单元不超过3个),y是含氮量,可以得到以下关系:

$$y=\frac{1400.8x}{162.14+45x}$$

$$x=\frac{162.14y}{1400.8-45y}$$

例5.4

某种NC在其硝化过程中,只有75%的羟基被硝化,计算该NC的含氮量。

每个基环中含有3个羟基,最终产物(NC)中羟基的比例是75%,也就是说每个基环中含有2.25个硝基,根据上述方程:

$$y=\frac{1400.8x}{162.14+45x}=\frac{1400.8\times2.25}{162.14+45\times2.25}=11.97\%$$

即其含氮量为11.97%。

随着含氮量(NO_3基团的百分比)的提升,NC的热值也随之提升。例如,含氮量分别为12.60%、13.15%和14.00%的NC其热值分别为3.91kJ/g、4.25kJ/g以及4.77kJ/g。因此,NC中N的百分比是一个非常重要的性质,这对于其能量特性是决定性的因素,并且在一定程度上影响了NC基发射药的力学性能。不同含氮量的NC应用方向如表所示:

N%	应用
12.2~13.15	火药
11~12	爆胶棉
8~11.5	商用(胶片制品、油漆等)

(4) 黏度。纤维素具有纤维结构,在其被硝化后,NC依然保持了这种纤维结构,尽管XRD显示更高含氮量的NC表现出晶体结构。NC的主要结构参数取决于其聚合物链长,例如其相对分子质量。在纤维素的硝化过程中,分子内的重复单元数量从1000~3000个(取决于纤维素的来源以及其初期的化学处理过程)减少到400~700个,这是由于分子链在硝化过程中断裂。NC的平均相对分子质量对于发射药化学至关重要,例如:①从工艺角度出发,高平均相对分子质量具有高的

黏度可能导致药料无法被挤出;②从力学性能上来说,低相对分子质量的NC将会降低发射药药柱的力学性能,如抗拉伸强度和抗挤压强度等。因此,必须选择最佳相对分子质量的NC。

NC标准溶液(一定质量的NC溶解于丙酮和水的体积比为93∶7的混合溶液中)的黏度可以用来表征其平均相对分子质量。因此,对于NC黏度的测定是发射药制备工艺质量控制环节中重要的一环。正如上文提到的,NC的黏度可以通过在弱碱性条件下压力煮沸其悬浊液来降低,其中的工艺参数需要最优化以确保得到理想黏度的NC。

(5) 混合NC。在制备手枪及小口径枪械的发射药所使用的NC时,有一个双重要求:①发射药组分中的NC需要具有特定的含氮量(简称为N_X);②还需要具有特定的醇-醚溶解度(简称为S_X)。也就是说,N_X满足相应的能量要求时,S_X也必须满足能够使NC在特定范围内胶化。但是,NC在硝化制备过程中(称为纵切NC)难以同时满足这两方面需求。因此,需要将两批纵切NC(分别具有N_1、S_1以及N_2,S_2)均匀地进行混合,使得混合后的NC能够同时满足N_X和S_X。

2. 增塑剂/胶化剂

增塑剂与胶化剂不能混淆。增塑剂旨在使分子之间更易相互运动,甚至使化合物固定停止。不活泼的甚至惰性的化合物,例如凡士林,它是一种碳氢化合物的混合物,常用作增塑剂。在聚合物加工过程中加入增塑剂能够提升最终聚合物产品的可使用性、柔韧性和可塑性,并且能够使其具有更好的低温性能,例如更低的玻璃化转变温度。另一方面,胶化剂,能够通过电子给体/受体机理使聚合物相互作用。部分化合物同时具备上述两种性能,例如NG处理过的NC。

NC的纤维状结构主要由于其内部相邻各层之间通过氢键作用而相互粘结。当加入NG后,由于NG的分子足够小,因而可以进入NC各层的间隙中并利用其自身极性的—ONO_2基团破坏其层与层之间的粘结作用。这有助于NC各层的脱落,进一步影响NC的纤维状结构。最终,会形成安全且可操作的NC/NG的凝胶基质。因此,NG同时具有胶化以及增塑的作用。

在发射药制备过程中,主要包括两类增塑剂:①含能增塑剂(主要是NG);②低能或不含能增塑剂。溶剂如乙醇和丙酮(分别含有极性基团C=O和—OH)是易除去的增塑剂,它们在发射药制备结束时可以很容易地几乎完全除净。酞酸酯(例如邻苯二甲酸二乙酯或二戊酯)则是无法除去的增塑剂并会长期存在于发射药组分中。酞酸酯也可以作为燃料,同时还能够吸收发射药储藏过程中组分分解产生的氮氧化物等,具有安定剂的作用。

3. 安定剂

作为硝酸酯,NC和NG的稳定性不佳,因为RO—NO_2键容易水解,并在一段时间后生成氮氧化物。

$$R—O—NO_2 \xrightarrow[\text{高储存温度}]{H_2O\text{（湿气）}} R—OH+HNO_3$$

$$2HNO_3 \longrightarrow 2NO_2 + H_2O + (O)$$

尽管NO_2浓度的演变非常缓慢,但是却能够催化NC或NG的进一步分解,进而导致发射药的自催化分解过程。这对于发射药的安全以及弹道性能都是非常不利的(损失硝基意味着损失能量)。

为了避免这种自催化过程的产生,需要加入一些具有稳定作用的化合物,它们能够吸收氮氧化物进而阻止NC和NG的催化分解。发射药工业中一些常见的安定剂如下:

(1) 联苯胺(DPA)。DPA是一类碱,它能够吸收酸性的氮氧化物形成硝基/亚硝基衍生物,因此保护了NC。(DPA只用在单基发射药中,不能用在NG基的组分中,因为其碱性太强,容易引发NG的碱性催化水解。)

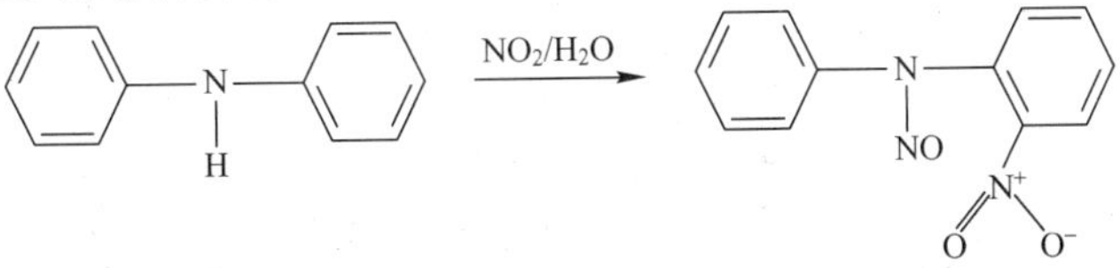

NO_2/H_2O

DPA　　　　N-nitroso, 2 nitro DPA

(2) 2-硝基联苯胺(ZNDPA)。如下所示,2NDPA的硝基具有吸电子作用,能够降低DPA的碱性,因而在含NG的配方中,可以用2NDPA作为稳定剂。

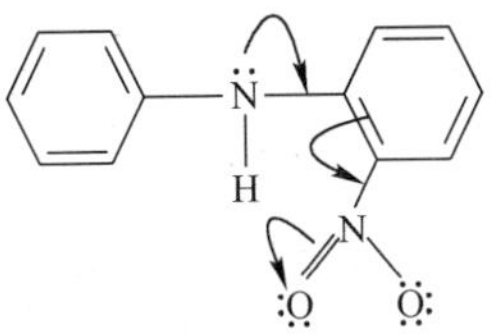

(3) 二乙基二苯脲。这是一种优秀的稳定剂,非常容易吸收储存过程中产生的各类氮氧化物。它也可以作为增塑剂和中定剂。

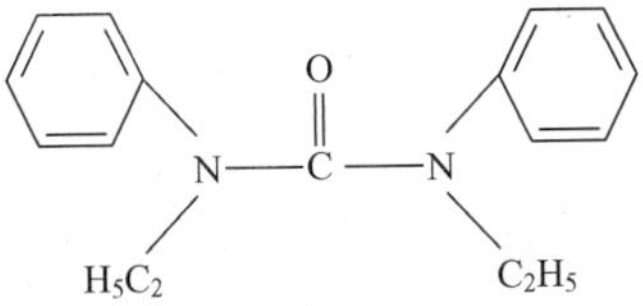

4. 抗酸剂(如石灰石)

含有NC的发射药往往会出现酸性的问题,这主要是由于NC硝化过程中,大量使用强酸性的硝化混合物。加入少量石灰石($CaCO_3$)能够中和这种酸性并防止储存过程中发射药组分中的NG和NC发生酸催化分解。

5. 冷却剂

在发射药中加入一定量低热值的化合物用于降低火焰温度。这些化合物分解吸热,因此可以降低发射药爆燃过程中总的热输出。二硝基甲苯(DNT)以及酞酸酯是常见的冷却剂。

6. 消焰剂

NC 是发射药的主要组分,具有负的氧平衡。其他组分,除了 NG 之外也具有很高的负氧平衡。因此,发射药整体呈现负氧平衡。当发射药在武器身管内爆燃时,管口喷出的气体产物严格来说是未经充分氧化的,含有大量的 CO 以及一定量的 H_2。NC 的爆燃过程(12.75% N)如下:

$$2\ C_{12}H_{15}O_{20}N_5 \rightarrow 6CO_2 + 18CO + 10H_2O + 5H_2 + 5N_2 + \text{热}$$

($C_{12}H_{15}O_{20}N_5$是一个重复单元的经验化学式,其中包含 2 个六元基环,6 个羟基中的 5 个被硝基取代。)

当大量高温且未反应的 CO 以及 H_2气体冲出管口时,与空气中的氧气接触并迅速被分别氧化为 CO_2和 H_2O。这些反应大量放热,燃烧产生的热会显示出巨大的火焰(CO 和 H_2在空气中的爆炸极限分别为 12.5% 和 4%)。

这样明显的炮口火焰在战争中时非常不利的,会很容易暴露枪炮手的位置,特别是在夜间。为了抑制炮口火焰,常常在发射药组分中加入钾盐,如 K_2SO_4、KNO_3 和 K_3AlF_6。研究表明,在发射药爆燃产生的高温环境下,这些盐会分解产生 K 金属自由基,这些自由基具有很高的活性,会迅速与氧结合,进而阻止导致 CO 与 H_2 被迅速氧化的链式反应。在枪炮口处,大气中的氧会先与高反应活性的 K 自由基反应而不是与 CO 和 H_2反应。这类无机盐的一个缺点是,尽管能够抑制火焰,却会产生大量烟雾。

这里需要提一下硝基胍三基发射药(大口径火炮)的作用。硝基胍有两个优点:

(1) 含氮量很高,其结构式如下:

$$\begin{array}{c} NH \\ \| \\ NH_2 - C - NH - NO_2 \end{array}$$

气体产物中的大量氮会稀释 CO 和 H_2的浓度,减小其被氧化产生火焰的几率。

(2) 它是一种低温组分(热值为 769cal/g),因此能够降低发射药的火焰温度。这有利于减少身管的烧蚀,提升身管的寿命。(根据上面介绍的内容,我们不禁要提出一个问题:为什么我们不选择零或者正 *OB* 的发射药配方,这样就可以避免 CO 和 H_2的产生了。首先,这样的配方会产生更多的 CO_2和 H_2O,增加气体产物的平均相对分子质量,或降低 n 的数值,这会降低发射药的推力。其次,完全氧化的产物会放出更多的热量,这将会使产物的火焰温度提高到不可接受的程度,会导致严重的身管烧蚀。)

(3) 当发射药的 *OB* 接近 0 时,会使发射药在身管内倾向于发生燃烧转爆轰(DDT),这将是灾难性的。

7. 表面钝感剂

这一点在 5.5 节(减面燃烧部分)中提到过。对于确定的发射药药柱,特别是减面燃烧型药柱,需要在其表面包覆一层降低发射药初始燃速的物质。例如 DNT、邻苯二甲酸酯、二乙二苯基脲等均在这方面有很好的效果。它们通常具有很低或负的热值,并且难于挥发。它们被溶解在乙醇中,然后喷涂在发射药柱的表面。随后加热去除溶剂,即可在药柱表面留下钝感剂的包覆层。

8. 防磨损缓蚀剂

武器身管是昂贵的材料,是使用昂贵合金精密制造的产品。它能够在不同环境下经受住高压以及高温气体。然而,一旦超出了其本身所能承受的极限,身管将会被气体产物损坏,所要求产生的压力将难以达到且造成不能正常工作。因此需要在发射药配方或降烧蚀衬层上加入特定的组分使其在发射药装填前嵌入弹壳中。一些常用的防磨损缓蚀剂如 TiO_2 以及能够自动转化为硅酸镁的云母等,这些化合物包覆在抗损耗层表面,当发射药爆燃时,这些化合物会融化并形成致密的 TiO_2 或云母层沉积在身管内壁上。TiO_2 和云母是良好的绝热材料,能够保护身管内壁不被大量的高温气体烧蚀。这些薄层在下一发弹药发射时将会被清除,但与此同时,新的薄层将会形成。这种薄层的形成隔绝了高温气体产物,之后薄层去除,薄层在形成与去除的循环中不断改变,最终延长了身管的寿命。

9. 除铜剂

大量的身管武器中都有膛线,即管内壁上离管底一定距离的沟槽。这些沟槽会使运动中的弹丸产生高速的自旋,因为自旋稳定的弹丸在从管口到目标的飞行过程中会有更好的空气动力学稳定性。这种快速自旋的高速弹丸,其底箍会与管内壁产生巨大的摩擦力。这会导致底箍中的铜颗粒沉积在沟槽上,这对于安全性以及弹道性能都是不利的。

为了解决这个问题,通常会在发射药配方中加入少量的铅锡化合物。在发射药高温爆燃过程中,这些化合物分解产生低熔点、高密度的铅锡合金,能够去除沟槽上沉积的铜。

推荐阅读

[1] S. Fordham, High Explosives and Propellants, Pergamon Press, Oxford, New York, 1980.
[2] K. Fabel, Nitrocellulose, Enka, Stuttgart, 1950.
[3] F.D. Miles, Cellulose Nitrate, Oliver & Boyd, London, 1955.
[4] J. Quinchon, J. Tranchant, Nitrocelluloses, the Materials and Their Applications in Propellants, Explosives and Other Industries, Ellis Howard Ltd, Chichester, UK, 1989.
[5] R. James, Propellants and Explosives, Noyes Data Corporation, Parkridge, New Jersey, 1974.
[6] R. Krier, et al. (Eds.), Interior Ballistics of Guns, Progress in Astronautics and Aeronautics, vol. 66, AIAA, New York, 1979.
[7] C.L. Farrar, D.W. Leeming, Military Ballistics, a Basic Manual, Brassey's Publishers Ltd, Oxford, 1983.
[8] Internal Ballistics, HMSO Publication, UK, 1951.
[9] L. Stiefel (Ed.), Gun Propulsion Technology, Progress in Astronautics and Aeronautics, vol. 109, AIAA, New York, 1988.
[10] Service Textbook of Explosives, Ministry of Defence Publication, UK, 1972.
[11] E.D. Lowry, Interior Ballistics, Doubleday & Co., Inc, New York, 1968.
[12] J. Corner, Theory of Interior Ballistics of Guns, John Wiley & Sons Inc, 1950.
[13] W.C. Nelson (Ed.), Selected Topics on Ballistics, Pergamon Press, London, New York, 1959.

思考题

1. 枪炮效率的数量级是多少？哪些因素会影响其效率？

2. 在一枚反坦克炮弹中，使用了 cal val 为 1100cal/g 的双基发射药 5.1kg。如果弹头重量是 5.2kg，弹丸初速度为 1440m/s，计算其效率。（答案：23.0%）

3. 为什么炮口压力是重要的参数？

4. 发射药的推力和力常数有何含义？

5. 发射药爆燃过程中气体产物的平均相对分子质量为 21。如果爆燃过程中的绝热等体积火焰温度达到 3000K，计算发射药的推力。（答案：1188J/g）

6. 发射药柱的形状和尺寸如何影响身管内的压力上升速率？

7. 为什么某些外形的药柱会产生增面燃烧，而某些则产生减面燃烧？

8. 什么是 Vielle 定律？为什么需要关注发射药燃速系数的值？

9. 某发射药在 400MPa 下燃烧，其 β 与 α 的值分别为 0.2cm/(s · MPa) 和 0.9。计算其在该压力下的线性燃速。（答案：43.95cm/s）

10. 密闭爆发器的作用是什么？如何理解相对推力和相对活性？

11. 一种发射药的必要条件是什么？

12. 如何辨识单基、双基、三基以及特屈儿基发射药？

13. 为什么某些发射药柱石墨化？

14. 为什么说发射药的制作是一门艺术？

15. 某种 NC 的含氮量为 13.00%，计算其前驱体纤维素中羟基被硝基取代的比例。（答案：86.13%）

16. 增塑剂与胶化剂的区别是什么？为什么手枪发射药中的 NC 需要半胶化化？

17. 为什么在制备发射药前需要将不同批次的 NC 混合？

18. 写出能够解释二乙二苯基脲作为稳定剂稳定发射药机理的相关化学方程式。

19. 为什么在双基药中 DPA 不能作为稳定剂？

20. 炮口火焰产生的机理以及使用无机盐抑制炮口火焰的机理各是什么？

21. 表面钝感剂、防磨损缓蚀剂以及除铜剂在发射药配方中的作用是什么？

第六章　含能材料在推进系统中的应用 – Ⅱ
（火箭推进剂）

6.1　火箭技术介绍

几个世纪以前，中国人首先发明了火箭。将黑火药装入纸管中，一端封闭，另一端接上灯芯，当火药点燃后，能够推动其自身克服万有引力在空中飞行。这些均起源于早期的焰火，并在20世纪开始应用于现代导弹以及空间火箭系统。目前，火箭的运载部分（有效载荷）可以是武器弹头（常规弹头或核弹头），也可以是以通信为目的进入特定地球轨道的卫星。因此，火箭已经成为现代生活的重要组成部分，在娱乐、战争以及空间探索等很多领域中得到应用。尽管装载了核弹头的远程导弹时刻威胁着人类的生存，但空间探索研究在很多领域（如通信、天气预报、资源勘探等）取得了巨大成功。当著名的美国宇航员 Niel·Armstrong 于1969年7月21日成为首个登上月球土地的人类时（这是我个人的一小步，却是人类的一大步），他的激动与狂喜，地面上数以百万计人们感同身受。因此，火箭学的研究已成为当今科技研究领域不可缺少的一部分。本章的目的旨在介绍火箭推进系统的基本原理以及含能材料在火箭推进剂中的重要作用。

6.2　火箭推进的基本原理

一个火箭发动机基本由两部分组成：推进剂燃烧室和喷嘴（图6.1）。燃烧室是一个金属管道，其中一端封闭，而火箭推进剂（指固体火箭推进剂）通过开口的一端装填。根据火箭性能的需求，推进剂药柱可以制作成不同的形状和尺寸。例如，如图6.1所示，药柱的形状可以是桶状或管状。管状药柱的环形空隙称为“孔”。装填过的火箭燃烧室与喷嘴紧固相联，如图6.1所示，大部分的喷嘴都是收敛－扩散型（CD）喷嘴。一个点火器位于发动机的孔中，用于最初点燃整个推进剂表面。点燃后，会产生高温高压的气体产物，这些气体通过喷嘴加速至极高的速度。当气体通过喷嘴的咽喉部位向外扩散喷出时，气体的速度会极大提高。众所周知，根据牛顿第三运动定律，向后喷出的气体会反作用于火箭，进而推动火箭运动。

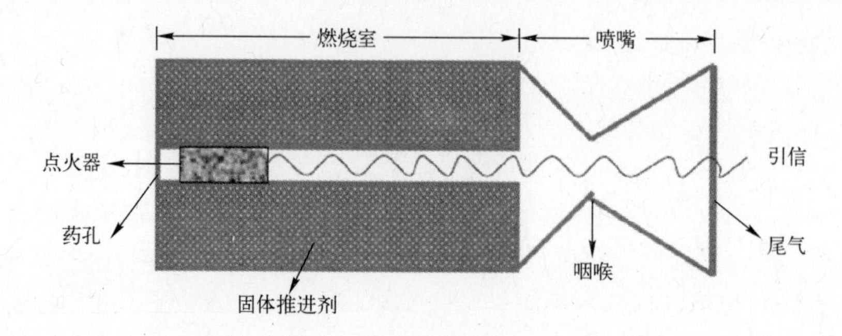

图 6.1　火箭发动机示意图

火箭的总冲(F)包括两部分。F 的第一部分 F_1 来源于燃烧室压力(P_c)以及喷嘴喷口处气体压力(P_e)的差值,喷口面积为 A_t(图 6.2),因此可以写为

$$F_1 = (P_c - P_e)A_t \tag{6.1}$$

(注意:由于高压气体在通过喷嘴后会扩散,因此 P_c 总是远远大于 P_e,所以 F_1 通常为正值。)

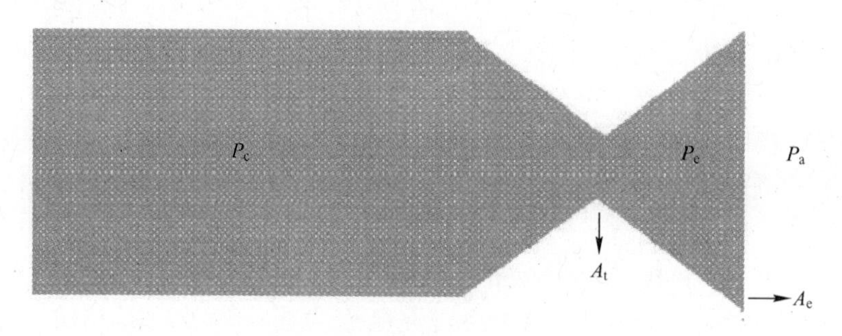

图 6.2　火箭推力组成示意图

F 的第二部分 F_2 来自于发动机喷出气体压力(P_e)与火箭外环境中大气压力(P_a)的差值,外喷口面积为 A_e,因此可得

$$F_2 = (P_e - P_a)A_e \tag{6.2}$$

(注意:P_e 通常是大于 P_a 的(称为欠膨胀喷管),所以 F_2 通常为正值。有时候,火箭设计时会使 $P_e = P_a$,这样 $F_2 = 0$(称为适度膨胀喷管。)

也有一种可能是 $P_e < P_a$,这种情况往往出现在当喷管更长时(产生过度膨胀喷管),因此会得到 F_2 为负值。这里 P_a 不单只是大气压力,而是外界环境中的压力。例如,当火箭运行至太空中的真空环境下,此时 P_a 几乎为 0 而 F_2 达到最大值。综上,火箭的总推力可以表示为 F_1 与 F_2 之和,即

$$F = (P_c - P_e)A_t + (P_e - P_a)A_e \tag{6.3}$$

火箭本质上是一个能量转化系统,将推进剂中储存的化学能转化为气体产物的动能并通过喷管扩散出去。一种将火箭发动机进行分类的思路是基于固体推进剂的物理形态,大致将火箭归为 3 类,即

（1）固体推进剂火箭；

（2）液体推进剂火箭；

（3）固液混合推进剂火箭。

其中固体推进剂发动机是在设计和工作中最简单的火箭发动机，本章中大部分内容主要介绍固体推进剂火箭。固体推进剂主要包括无机氧化剂（主要为高氯酸铵，AP），金属燃料（例如铝粉），二者通过聚合物基质连接在一起，这类聚合物同时具有黏合剂（确保推进剂药柱整体结构完整）以及燃料的功能。这类推进剂称为复合推进剂。对于某些军事应用，基于 NG 和 NC 的双基火箭推进剂（DBRPs）也在使用中。

正如名字中所显示的，液体火箭发动机使用的是液体推进剂。同样，液体推进剂也包括两类。第一类成为单组元推进剂，其中的液体是单一化合物，这种分子同时具有燃料以及氧化剂的成分。例如，硝基甲烷就是一种单组元推进剂，其中包括燃料元素（碳和氢）以及氧元素作为氧化剂。在液体火箭发动机中，液体推进剂必须单独储存在燃料罐内，在需要时喷入燃烧室内进行反应。图 6.3 是单组元液体推进剂火箭发动机结构示意图。

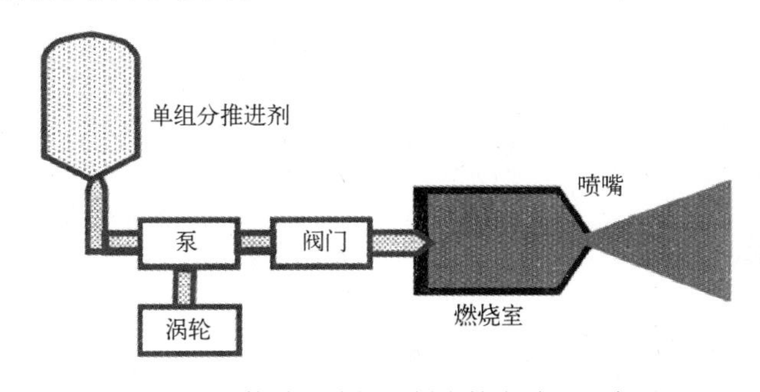

图 6.3　液体单组分推进剂火箭发动机示意图

第二类液体火箭发动机是双组元推进系统，其中氧化剂（液态）与燃料（液态）分别储存在燃料罐内。氧化剂与燃料根据各自要求的比例分别泵入燃烧室内然后进行反应（图 6.4）。这类系统很明显包含更多的可移动组件，因为需要两套独立的流动系统。因此，它也存在一些问题。一些比较著名的双组元推进剂系统如下：

（1）氧化剂：发烟硝酸（RFNA），过氧化氢以及液氧；

（2）燃料：芳香胺。

比较固体发动机与液体发动机，二者各有优缺点。例如，固体推进剂药柱设计更加简单，且不需要其他额外的移动部件（例如涡轮机/阀门等）。但是，一旦固体推进剂点燃，则很难停止或控制其燃烧；相比较而言，液体氧化剂/燃料的流动则很容易控制。

在空间探索以及远程弹道导弹中，往往根据阶段或任务要求的不同单独使用液体推进系统或与固体推进系统联合使用。

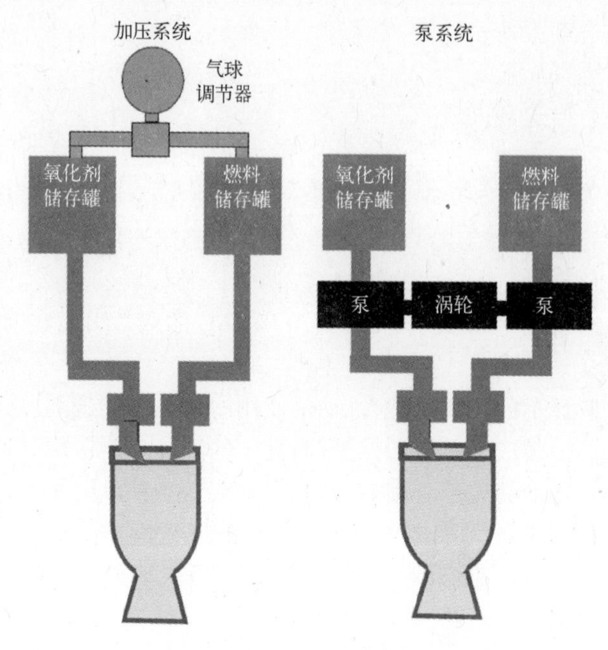

图 6.4　双组元液体推进剂发动机示意图

第三类火箭发动机成为混合式发动机，因为其结合了固体（燃料/氧化剂）和液体（氧化剂/燃料），其示意图如图 6.5 所示。液体部分（氧化剂，如 RFNA）泵入含有固体燃料（例如，聚氨酯聚合物）的燃烧室内。混合推进剂系统同时具有固体与液体推进系统的优缺点。

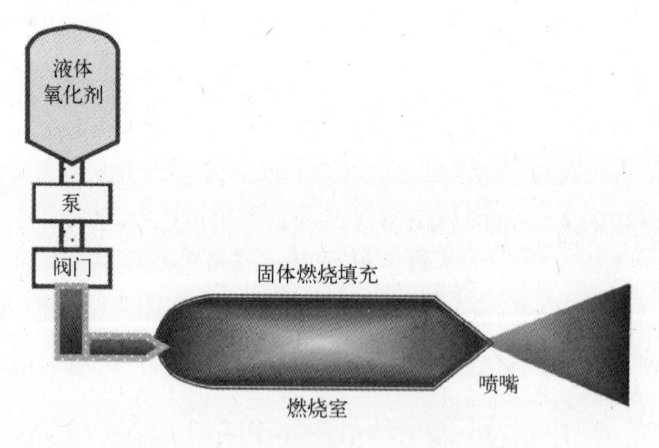

图 6.5　固液混合推进发动机示意图

6.3　比冲

火箭设计者总是在追求一个目标，就是设计出一种火箭能够：

(1) 运载更重的载荷;

(2) 具有更远的射程;

(3) 推进剂的消耗最少(能够具有类似汽车的燃料利用效率)。

第(1)点和第(2)点要求火箭的总冲要足够高。总冲(I)可以表示为 $I=F\times t$。其中 F 是火箭在一段持续时间(t)内的推力。换句话说,第(1)点和第(2)点正比于 $F\times t$。要实现第(3)点,这就要求火箭飞行过程中推进剂消耗的量要尽可能小。考虑到这些因素后,研究者们提出了一个能够表示火箭推进系统整体效率的参数,称为“比冲”,简写为 I_{sp}。

I_{sp}可以表达为:

$$I_{sp}=\frac{F\times t}{w} \tag{6.4a}$$

这个表达式也可以写为

$$I_{sp}=\frac{\int F\mathrm{d}t}{w} \tag{6.4b}$$

或者

$$I_{sp}=\frac{F}{\dot{w}} \tag{6.4c}$$

式中,$\dot{w}$为推进剂的消耗速率,$\dot{w}=\frac{\mathrm{d}w}{\mathrm{d}t}$。

1. I_{sp}的单位

由式(6.4a)可知,F(推力)与 w(质量)具有相同的单位 $kg\cdot m/s^2$,二者抵消后,只剩下时间 t。因此,比冲的单位是秒(s)。例如,我们可以说某种推进剂的比冲为 240s。

2. I_{sp}与排气速度

假设火箭在以恒定速度巡航,同时火箭状态处于适度膨胀喷管条件下,即式(6.3)的第二部分等于0。假设气体产物的排气速度为 v,推进剂质量损失速率(由于推进剂的燃烧)为$\dot{w}$,那么根据牛顿第二定律,火箭的推力等于动量的变化,可得到

$$F=\frac{\mathrm{d}}{\mathrm{d}t}(mv)=m\frac{\mathrm{d}v}{\mathrm{d}t}+v\frac{\mathrm{d}m}{\mathrm{d}t}=m\dot{v}+v\dot{m}$$

由于火箭是匀速运动(即 $\dot{v}=0$),则有

$$F=\dot{m}v=\frac{\dot{w}v}{g} \tag{6.5}$$

由于 $m=w/g$,根据式(6.4c)可得

$$\begin{cases} I_{sp}=\dfrac{\dot{w}v}{g}\times\dfrac{1}{\dot{w}}=\dfrac{v}{g} \\ I_{sp}=\dfrac{v}{g} \end{cases} \tag{6.6}$$

因此,I_{sp}正比于排气速度 v。

研究者们一直在不懈努力设计出性能更优异的硬件以及推进剂,以期能够获得最高的排气速度 v。

例 6.1

一枚火箭在 5s 时间内燃烧了 200kg 推进剂,获得了 10t 的推力,计算这种推进剂的比冲。

推进剂消耗速率

$$\dot{w} = \frac{200\text{kg}}{5\text{s}} = 40\text{kg/s}$$

$$I_{sp} = \frac{F}{\dot{w}} = \frac{10000\text{kg}}{40\text{kg/s}} = 250\text{s}$$

为什么我们如此关注比冲?

火箭的射程取决于其最终速度(当所有推进剂完全耗尽时火箭的速度),这在极大程度上取决于推进剂的比冲 I_{sp}。I_{sp}在发射任务的成功中具有举足轻重的地位。比冲的每一秒提高都会带来火箭射程的大幅提升。例如,在洲际弹道导弹中,比冲每提高 1% 和 5% 将分别使导弹的射程提升 7% 和 45% 。当火箭发射时,其最终速度会被另外两种力严格限制,即万有引力和气动阻力。

6.4 火箭推进系统的热化学

按照热力学的说法,火箭也可以称作热机。其热源是推进剂燃烧产生的高温气体产物。其中有用的部分热量用来推动自身做功,剩下浪费的热量损失部分主要包括喷出的高温气体以及火箭燃烧室内壁的热传导。因此,火箭推进系统是推进剂热化学能与喷射气体动能的部分转化,这即是火箭推进系统的主要原理。

我们分别设定初始热容、压力、体积以及推进剂燃烧过程中生成气体的温度分别为 H_1、P_1、V_1和 T_1(图 6.6)。

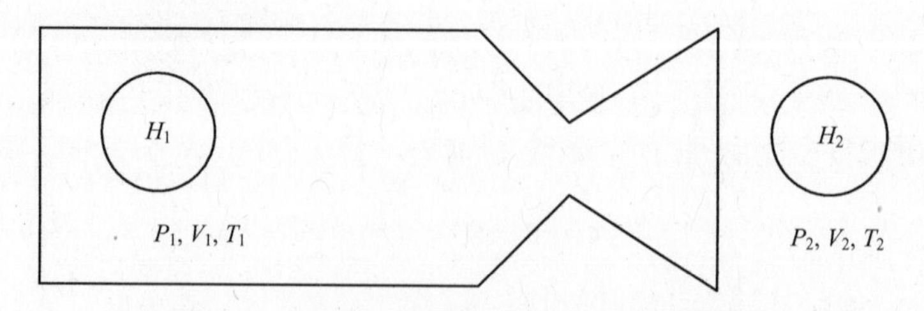

图 6.6 火箭推进系统中的焓变以及其他参数

喷出气体的参数值设为 H_2、P_2、V_2和 T_2。热量的改变 $H_1 - H_2$用来将喷出的气体加速至 v(即热能 100% 转化为喷出气体的动能)。因此可以得到

$$H_1 - H_2 = \frac{1}{2}\frac{mv^2}{J}（即气体的动能）$$

$$（J = 焦耳常数 = 4.18J/cal）$$

$$H_1 - H_2 = \frac{1}{2}\ \frac{w}{g}\ \frac{v^2}{J}$$

$$v = \sqrt{\frac{2gJ(H_1 - H_2)}{w}} \tag{6.7}$$

假设整个过程都是绝热的(即没有热量进入或离开火箭发动机系统),可得

$$I_{sp} = \sqrt{\frac{2RT}{\overline{M}g}\left(\frac{\gamma}{\gamma-1}\right)\left[1-\left(\frac{P_e}{P_c}\right)^{\frac{\gamma-1}{\gamma}}\right]} \tag{6.8}$$

式中,$\overline{M}$为喷出气体的平均相对分子质量;T为推进剂火焰温度;P_e为喷出气体的压力;P_c为燃烧室压力;γ为气体的热容比(平均值);R为普适气体常数。

对于已知数值P_e和P_c,假设γ的数值影响有限,可以发现火箭发动机I_{sp}主要取决于推进剂的绝热火焰温度以及喷出气体产物的平均相对分子质量。更高的温度T以及更低的平均相对分子质量$\overline{M}$能够提高I_{sp}的数值。式(6.8)可以简化为

$$I_{sp} \propto \sqrt{\frac{RT}{\overline{M}}} \tag{6.9}$$

正如上文提到的,喷出气体的平均相对分子质量以及推进剂的火焰温度(发射药的等体积情况和火箭推进剂的等压情况)对推进剂的能量性能有极大的影响。尽管发射药的能量参数、力常数都正比于nRT_v,推进剂的能量参数I_{sp}正比于nRT_p的平方根(注意:$n = 1/\overline{M}$),某推进剂计算得到的理论I_{sp}(正如上面例子中计算得到的)并不能够真实反映火箭发射时的实测比冲。这主要是因为理论计算时,假设火箭的发射是在理想状态下,其中与某些真实情况是有差异的。例如:

(1) 发动机内部的高压气体并不完全遵循理想气体定律。

(2) 火箭发动机不能达到100%的绝热,完全绝热的能量性能无法被假设。

(3) 气体的组分/质量在发动机的整个流场中并不是完全均一的。

(4) 随着反应的进行,化学平衡在不断地移动。

(5) 多维流场造成的能量损失(理想状态下,气体流场是一维的,即沿着x轴方向)。

(6) 摩擦以及其他因素造成的热量损失。

由于上述因素,火箭的实际I_{sp}总是小于理论I_{sp}。

6.5　火箭内弹道性能的一些重要参数

下面,我们将强调几个对火箭性能有重要影响的参数。

6.5.1 线性燃速

固体推进剂药柱的线性燃速(LBR:r)决定了其质量燃速的值,质量燃速有时也称为质量流速($\dot{m}$)。前文中,我们曾提到过这两个参数,即

$$\dot{m} = rA\rho$$

式中,A 和 ρ 分别为推进剂燃面面积与推进剂的密度。

参数 r 和$\dot{m}$对火箭发动机运行时间以及燃烧室压力升高有重要的影响。在固体推进剂药柱中,影响燃速 r 的因素主要有以下几方面:

1. 燃烧室压力

在 DBRP(基于 NC 和 NG)中,r 与燃烧室压力(P_c)有如下关系:

$$r = bP_c^n \tag{6.10}$$

这个方程即 Vielle 定律,其中 n 为压力指数,b 为燃速系数。两边同时取对数可得(图 6.7)

$$\lg r = \lg b + n\lg P_c \tag{6.11}$$

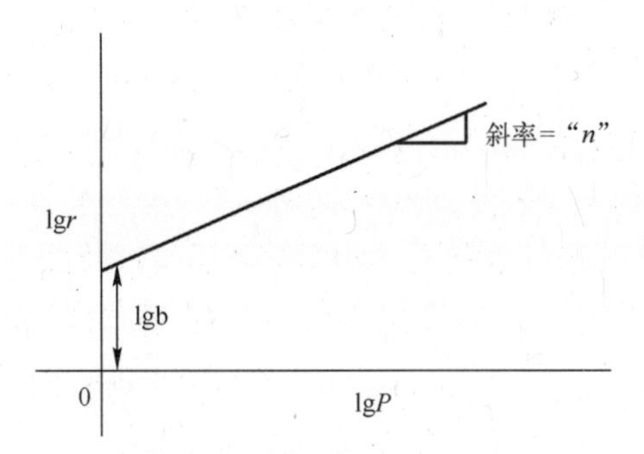

图 6.7　典型双基推进剂以 lg$r$ 对 lg$P$ 作图所得曲线

当温度确定时,lg$r$ 与 lgP_c成一次线性关系,直线的斜率为 n。这是一个经验公式,能够适用于双基推进剂的主要工作压力范围(20 ~ 100kg/cm^2)。复合推进剂(即推进剂使用聚合物同时作为燃料及黏合剂,其中还包括均匀分散的氧化剂如 AP 以及金属燃料如铝粉)并不遵循这一规律。尽管迄今为止尚未有人提出完美的复合推进剂燃烧模型,但利用 Summerfield 的模型推导出的如下公式能够较好地应用于复合推进剂:

$$\frac{P}{r} = a + bP^{2/3} \tag{6.12}$$

式中,a 和 b 为常数。

2. 温度

r 随温度升高而增加。假设 r_1 和 r_2 为推进剂在 T_1(单位 K)以及 T_2(单位 K)温度时的 LBR 值($T_2 > T_1$),那么燃速在恒压下的燃速温度敏感系数,简称为$(\pi_r)_P$,表达式如下:

$$(\pi_r)_P = \frac{\lg r_2 - \lg r_1}{T_2 - T_1} \times 100$$

火箭推进剂的设计者总是希望使 n 与$(\pi_r)_P$的数值尽可能低。数值越高,越容易导致火箭发动机压力过高而出现灾难性的后果。

3. 推进剂配方

前面章节中已经提到,如果设计的推进剂配方的热值越高,相应的其火焰温度也越高。自然地,我们希望从火焰区域到推进剂表面的热传递速度更快,这有助于提高推进剂的燃速。在复合推进剂中,不考虑组分的能量特性,组分颗粒(氧化剂以及金属燃料)的平均粒径大小对推进剂的 r 有很大的影响。颗粒越小,燃速 r 越高,反之亦然。

添加燃速催化剂有助于提高燃速。例如,添加过渡金属盐或氧化物,例如 Fe_2O_3 或 $CuO \cdot Cr_2O_3$,这些材料的细粉能够有效提高 r 的值。一般认为,这些 d 轨道半满的过渡金属原子能够加快复合推进剂中使用的 AP(氧化剂)的热分解速率。

4. 侵蚀燃烧

当推进剂燃烧产生的高速气体产物侵蚀推进剂表面时,会使气相与固相之间的热传递速度加快,因而会提高 r 的值。

6.5.2　特征速度

回到图 6.1 所示的火箭示意图。我们不禁要问:推进剂以及火箭喷管在整个火箭的性能中分别起到的作用是什么?第一部分(即燃烧室)用于确保推进剂按照设计的压力－时间曲线进行燃烧,而产生的高温高压气体准备进入喷管转化为推力。推进剂的全部化学能将转化为高势能体系准备通过喷管喷出。这一热化学输出称为特征速度 C^*,用于描述推进剂的热化学势能。

接下来介绍喷管。高压气体首先通过喷管的收缩段而被压缩,接下来通过扩张段而膨胀并产生巨大的推力。喷管膨胀率决定了喷出气体的速度,称为推力系数(C_F),也可认为是推力放大因子。C^* 是推进剂与燃烧室相关的参数,与喷管的设计无关。另一方面,C_F是推力放大因子,取决于喷管的设计。C_F可以用下列方程表示:

$$C_F = \frac{F}{P_C A_t} \tag{6.13}$$

方程(6.13)右边的分子部分表示真实的推力,分母部分表示通过喷管咽喉处尚未经过喷管膨胀段扩大的推力。由于排气速度取决于 C^* 和 C_F,可表示为

$$v = C^* C_F \tag{6.14}$$

因此,C^* 可以定义为气体压力未被喷管放大时($C_F = 1$)的排气速度。另外,根据式(6.6),有

$$I_{sp} = \frac{v}{g}$$

即

$$I_{sp}=\frac{C^{*}C_{F}}{g} \tag{6.15}$$

根据式(6.4c),有

$$I_{sp}=\frac{F}{\dot{w}}$$

根据式(6.13)有

$$I_{sp}=\frac{C_{F}P_{C}A_{t}}{\dot{w}} \tag{6.16}$$

根据式(6.15)和式(6.16)可得

$$C^{*}=\frac{gP_{C}A_{t}}{\dot{w}} \tag{6.17}$$

或

$$C^{*}=\frac{gA_{t}\int P\mathrm{d}t}{W} \tag{6.18}$$

根据式(6.18),由于推进剂的质量 W 以及喷管喉部的截面积已知,C^{*} 的数值的实验测定可以通过确定火箭稳态燃烧实验所获得的压力-时间曲线的积分面积(即 $\int P\mathrm{d}t$)而得到。图 6.8 是火箭稳态燃烧实验所得到的典型 $P-t$ 和 $F-t$ 曲线。得到的 $P-t$ 和 $F-t$ 曲线的积分面积非常精确以用于计算推进剂性能参数,如 I_{sp} 和 C^{*}。

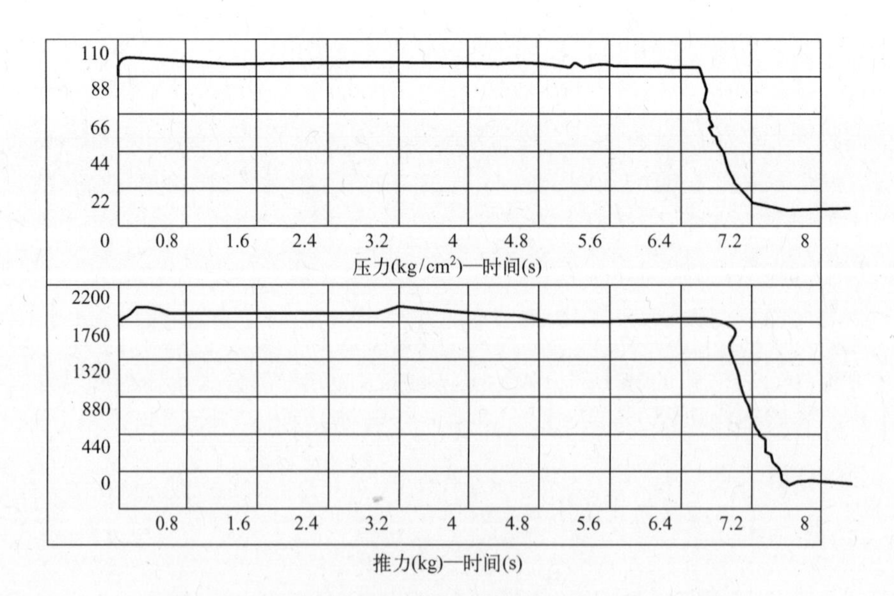

图 6.8 火箭发动机稳态燃烧时的典型 $P-t$ 和 $F-t$ 曲线

6.6　火箭推进剂装药设计

根据任务要求,例如载荷,射程,飞行时间等,弹道学家确定了一些推进系统的基本参数,如:①总推力;②推进剂的质量(①和②决定了推进剂的比冲);③作用时间(即推进剂燃烧时间);④推进剂的密度;⑤推进剂压力指数;⑥推进剂工作压力;⑦A_e/A_t的比值等。考虑到任务要求以及许多弹道参数之间的相互联系,弹道学家只有一个狭窄的选择。一旦他们确定了参数,接下就交给推进剂化学家并要求目标推进剂必须具有某些特征,例如:

比冲为 x 秒;

C^* 为 ym/s;

在 Pkg/cm^{2}压力下的 LBR 为 $z$mm/s;

压力指数的范围在 n_1和 n_2之间;

密度为ρg/cm^{3}等。

现在,推进剂化学家需要根据弹道学家的要求利用他们的知识来设计推进剂配方。说起来容易,当配方满足一个参数(如比冲 I_{sp})时,一些其他参数则渐行渐远。例如,一些高能量的固体火箭推进剂体系能够满足比冲和 C^* 的要求,但对于压力指数要求则相差很远。或者,理论上某特定配方是可行的,但是当进行实际加工时,却发现其组分并不满足工艺要求,比如聚合物黏合剂的黏度过大而无法将氧化剂与金属燃料结合在一起。在推进剂化学工作者确定一个能够满足弹道学要求的配方前,这就好像走钢丝般困难。

通常,推进剂化学家不会完全按照弹道学家的要求,而会进行一些细微的改动,弹道学家随后也会调整其设计。看一个续航型火箭推进剂的例子。这类推进剂会从头到尾燃烧,就像香烟一样。推进剂化学家需要明确他们能提供什么而弹道学家对下列参数进行排序:①推进剂的质量;②平均燃烧表面;③药柱的直径;④药柱的长度;⑤某一时刻推进剂燃烧表面面积与喷管喉部面积的比值(称为 K_N比);⑥喷管喉部面积(A_t);⑦喷管喉部直径;⑧基于 A_e/A_t要求的喷管出口面积(A_e)。

例 6.2

如何设计一个满足下列要求的巡航型火箭推进剂药柱?(1)$I_{sp}=200$s;(2)压力为 1500psi 时 $r=0.5$in/s;(3)压力为 1500psi 时 $K_N=400$;(4)推进剂密度为 0.05lb/in^3;(5)$A_e/A_t=10$;(6)推力 =1000lb;(7)燃烧持续时间为 20s。

相关计算流程如下:

(1) 推进剂质量:$\dfrac{F\times t_b}{I_{sp}}=\dfrac{1000\times 20}{200}=100$lb。

(2) 药柱长度:$l=(r\times t_b)=0.5\times 20=10$in。

(3) 药柱体积：$\frac{W}{\rho}=\frac{100}{0.05}=2000\text{in}^3$。

(4) 推进剂直径(D)：$V=\frac{\pi D^2 l}{4}$，将体积与长度的数值代入，可得 $D=16\text{in}$。

(5) 推进剂燃烧面积：$A_b=\frac{\pi D^2}{4}=200\text{in}^2$。

(6) 喷管喉部面积(A_t)：$K_N=\frac{A_b}{A_t}=400$，$A_t=\frac{A_b}{400}=\frac{200}{400}=0.5\text{in}^2$。

(7) 出口面积(A_e)：因为$\frac{A_e}{A_t}=10$，故 $A_e=10A_t=5\text{in}^2$。

弹道学家们计算上述7个参数并据此设计和制作火箭发动机以利用上述推进剂满足他们的需求。这是一个最简单的例子供初学者理解推进剂药柱设计理论。实际上，整个设计的过程要复杂得多，特别是在处理具有复杂内部结构的大型药柱时。推进剂设计还需要考虑诸如侵蚀燃烧的程度、不稳定燃烧以及点火装置的兼容性等因素而加以修正。

6.7 固体推进剂化学

正如上文中提到的，推进剂化学家的工作是很艰难的。他们根据弹道学家的要求，开始自己如走钢丝般艰难的工作。化学工作者需要考虑推进剂应该满足的几个因素。下文列出了其中主要的因素。

6.7.1 能量

比冲(I_{sp})作为衡量所有推进剂能量的指标，需要首先考虑。I_{sp}取决于推进剂自身的性质。根据式(6.8)，当燃烧室和出口压力确定时，I_{sp}主要由火焰温度以及产物平均相对分子质量决定。火焰温度取决于推进剂的爆热(详见第二章)，而气体产物的平均相对分子质量$(\overline{M})$取决于C、H、N、O以及其他元素的相对含量。比较DBRP和复合推进剂(CRP)，可以发现CRP的I_{sp}高于DBRP(表6.1)。

表6.1 不同推进剂体系的热值以及理论比冲

推进剂体系	热值/(cal/g)	I_{sp}(理论值)/s
浇铸双基推进剂	800～1000	200～220
螺压双基推进剂	800～1050	200～220
复合推进剂	1000～1200	≤245
改性双基推进剂	900～1300	≤260
硝胺双基推进剂	1000～1200	≤235

由于氯元素的存在(主要是 HCl,相对分子质量 36.5,其中的 Cl 主要来自 AP 的氧化),CRP 的气体产物平均相对分子质量更高,但是铝粉燃烧放出的巨大热量除了补偿相对分子质量带来的影响外还能够提供更高的热输出。另一方面,通过将 CPR 与 DBRP 结合得到的改性双基推进剂(CMDB)(CMDB 推进剂使用含能聚合物基质,即 NC 和 NG,并在其中加入了 AP 和铝粉等),其所得比冲甚至高于 CRP。CMDB 火箭推进剂主要的缺点是机械感度较高,这主要是由于使用了 NC 和 NG。

6.7.2　燃速以及其他弹道性能参数

固体推进剂需要在其工作压力下以特定的 LBR(r)燃烧。推进剂工作者认识到影响 r 的主要因素,例如:

(1) 爆热(正比于 r);

(2) 催化剂的使用(例如 Fe_2O_3 在某些配方中被用作燃速催化剂,因为 Fe_2O_3 能够通过电子转移机制产生自由基催化 AP 的热分解并产生离子催化聚合物基质的热裂解);

(3) CRP 以及 CMDB 推进剂中氧化剂颗粒的粒径以及分布情况(一般来说,平均粒径越低,比表面积越大,因而质量燃速越高);

(4) 热传导物质的存在(如添加炭黑);

(5) 侵蚀燃烧的状况。

除了燃速催化剂,在某些情况下,还需要在推进剂组分中加入一些特定的物质以确保 r 的值在特定压力范围内保持不变。这称为平台燃烧,为了这个目的加入的物质称为“平台化剂”(图 6.9)。

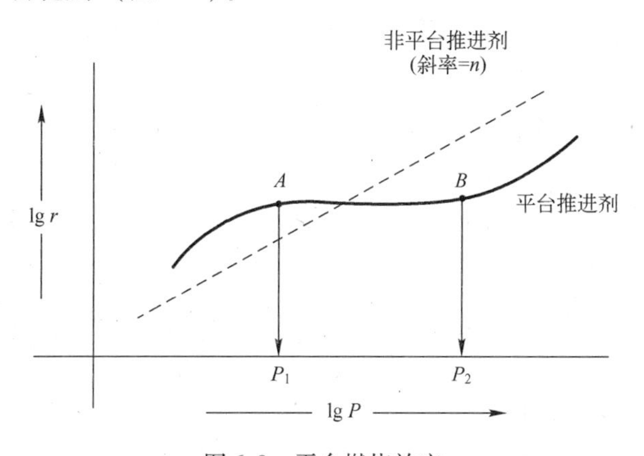

图 6.9　平台燃烧效应

在 DBRP 中加入平台添加剂(如硬脂酸铅等)能够实现在特定压力区间内($P_1 \sim P_2$)燃速不受压力影响。在该区间内,压力指数接近 0。添加剂如硬脂酸铅、水杨酸铅等成功用于使 DBRP 实现平台燃烧。

6.7.3 加工性能

在考虑能量性能的同时，推进剂配方的设计者还必须考虑其加工性能。必须详细分析加工性能各种参数的互相影响，并选出最优化的配方。让我们以一个CRP配方为例来详细说明：

一种CRP包括氧化剂（主要是AP）和金属燃料（例如铝粉）并将二者分散于聚合物基质（例如聚氨酯基体，在作为黏合剂粘结AP与铝粉从而使推进剂药柱成型的同时也作为燃料）。配方中还包括少量其他组分，如增塑剂、加工助剂、燃速催化剂等。一个典型的推进剂配方如下：

（1）AP＝68%（粗AP（约250μm）和细AP（约10μm）按照2∶1的比例混合）；

（2）铝粉＝17%；

（3）聚合物＝15%（基于HTPB的聚氨酯）；

（4）一定比例的Fe_2O_3（燃速催化剂）。

推进剂制备主要流程如下：

1. 原料准备

（1）AP干燥并将粗细不同的两种AP混合均匀（称为双模AP。将粗细不同的两种AP混合在一起的目的是要在高黏度的预聚物例如HTPB固化之前，在预聚物中达到最大装填量。这就好比泥瓦匠在制作混凝土时总要将细的水泥与粗细不同的沙子混合在一起。这种多模混合的方式能够确保大颗粒之间的空隙被小颗粒填充以达到最大的空间利用率）。

（2）干燥铝粉。

（3）干燥HTPB、增塑剂以及其他材料。

2. 混合

将上述所有组分在搅拌器中混合。

3. 添加交联剂

在固化反应过程中添加交联剂。在我们的例子中，添加甲苯二异氰酸酯（TDI）启动交联固化反应（TDI中的NCO基团与HTPB分子末端的OH基反应在HTPB预聚物分子之间形成氨基甲酸乙酯NHCOOR基团），使得混合的药浆变得更加黏稠。

4. 浇铸

将药浆倒入带有芯棒的火箭发动机内衬中。（注意：药浆需要在其黏度超过限制之前倒入发动机中。）

5. 固化

将已经倒入推进剂药浆的火箭发动机放入烘箱中，在70°C左右条件下放置大约7天。

6. 将发动机从烘箱中取出，冷却后撤掉芯棒。推进剂加工过程结束，注意撤掉芯棒时需非常小心。在经过必要的检查（例如 X 射线检查以确保药柱中没有缺陷如裂缝和空隙等）后，发动机即可在经过进一步组装后发射。

上述配方能够实现以下性能参数：

$$I_{sp} \approx 245\text{s}, 燃速 = 10\text{mm/s}(70\text{kg/cm}^2)$$

如果推进剂化学家被要求改变推进剂的组分以在不改变燃速的前提下提高推进剂的比冲至 250s，那么留给他们的选择及其产生的效果分别是什么？

方法 1：由于比冲正比于火焰温度和爆热，因此可以通过提高 AP 以及铝粉的含量及将固含量从 85% 提高到 87% 即可。

结果 1：2% 固含量的提升对于 HTPB 预聚物来说太高了，这会让 AP 以及铝粉难以混合。即便它们能够混合，在加入交联剂后，混合物黏度提升得过快以至于无法顺利浇铸。没有混合均匀的推进剂中很可能含有大量的空隙而不能被接受。

结果 2：更高的 AP 以及铝粉含量导致更高的火焰温度，这会使燃速提高到 10mm/s 以上，这也是无法接受的。

结果 3：推进剂中聚合物基质含量降低将会对推进剂的力学性能起到负面影响，最终导致推进剂的延伸率和玻璃化转变温度降低。

方法 2：通过降低配方中细颗粒 AP 的比例来增加 2% 的固含量，需要特别注意的是这会导致药浆黏度的增加。

结果 1：由于细颗粒 AP 比例的减少（即粗颗粒 AP 的增加），推进剂的燃速会降低，这是不能接受的。

结果 2：大幅提高粗颗粒 AP 的比例同样会降低推进剂的拉伸强度，影响其力学性能。

方法 3：使用更低黏度的 HTPB 预聚物以确保提高 2% 的固含量的同时其黏度符合要求。

结果 1：低黏度意味着降低 HTPB 的相对分子质量/分子链长，这将导致最终药柱的力学性能下降。

结果 2：更高的燃速。

上面仅仅是一个加工过程中配方不同参数之间复杂的相互影响的例子。推进剂化学家需要结合化学与经验去解决这些复杂的问题，没有快捷的解决方法。

6.7.4　力学性能

一发固体火箭推进剂药柱从它被制成一直到使用必须承受多种不同的机械压力。在不同的阶段例如运输、储藏、组装以及实际飞行中它将经受拉伸 - 压缩载荷、冲击、震动、高过载等。如果药柱的力学性能太差而不能经受住这些压力，将会产生一些异常情况（如开裂），这是极其危险的。通常来说，一发挤压后装填入发动机中的自由装填的推进剂药柱，需要具有高的拉伸强度。至于浇铸装药（即推进剂药浆直接浇铸在发动机内衬中)，药柱需要能够高压填充，因此应该有好的延展性。

6.7.5 储存稳定性/寿命

固体推进剂，尤其用于军事用途时，需要在不同的温湿度环境下长时间储存在装配好的发动机内。推进剂化学家需要仔细分析不同推进剂组分在加工过程中的相容性。例如，一种不相容的组分有可能加速推进剂中聚合物基质的老化，进而导致药柱开裂。目前已经建立的一些方法，例如监测检验方法以及热分析等，对于评价推进剂组分的相容性是有帮助的。

6.7.6 安全性以及环境:担忧的原因

安全性是最重要的因素，这是所有含能材料化学家首要的认知。他们在处理这些材料时面对着三种危险:爆炸、着火以及毒性。众所周知，在一些极端条件下，例如过度约束，推进剂或其中很多组分会发生剧烈的爆炸。着火的危险存在于任何种类的推进剂中。当推进剂最后加工时，它必须满足对撞击、摩擦以及静电的不敏感要求。毫无疑问，制备高能推进剂是相当危险的。

在全世界范围内，推进剂科学家以及工程师们一直在探索环境友好或者绿色推进剂以及推进剂组分的可能性。例如，尽管 AP 具有很多有吸引力的性质(低成本、高能以及良好的稳定性)，当 AP 被大量使用时，对环境是不利的。当含 AP 推进剂燃烧时，大量含氯的气体产物被排放到高层大气中会引起诸如酸雨以及臭氧损耗等环境问题。为了取代 AP，科研工作者对于新型环境友好的氧化剂(不含氯元素)如二硝酰胺铵(ADN)以及硝仿肼(HNF)等进行了大量研究。

上面是推进剂化学家在针对一个给定的任务设计推进剂配方时必须考虑的 6 个主要因素，但没有考虑诸如成本以及原料的可得性。

6.8 火箭推进剂的未来

尽管在全世界范围内进行了大量的研究工作，火箭推进剂领域相关技术的发展依然十分缓慢。这主要是因为推进剂化学家们需要面对大量矛盾的条件和要求，例如能量、成本、安全性、稳定性以及环境友好等。当一种备选的推进剂组分被合成出来时，在其被实际应用于推进剂配方之前，需要根据上面这些准则进行非常严格的测试。例如，当前主要的基于 HTPB 的推进剂取代传统的聚氯乙烯基的塑胶推进剂经历了数十年。后来的一些黏合剂例如聚叠氮缩水甘油醚以及基于氧杂环丁烷的聚合物和共聚物，它们都具有含能的基团如硝基、硝酸基、叠氮基等，但都有其自身的缺点，所以 HTPB 依然是最重要的黏合剂。尽管 AP 对于环境的影响招致了大量反对的声音，但 AP 许多出色的性能使它依然是最常用的氧化剂。其他一些被认为有可能替代AP的物质都具有明显的缺点。例如,HNF的高摩擦感度使其无法大批量生产。ADN能量性能并不足够突出,且其高吸湿性对于加工成型是巨大的问题。同样的问题也发生在寻找性能更优异的金属燃料来取代铝上。铍氧化时会释放出更高的能量,但产物毒性巨大而无法接受。锂的能量不是足够高。硼在燃烧过程中会产生不期望的产物。全世界范围内,科研工作者在这个方向上进行了大量的研究,我们也希望在可预见的未来能够发现性能更优异的氧化剂、燃料、增塑剂以及燃速催化剂等,以使我们能够实现未来火箭更远射程和更大运载能力的目标。

$[-CH_2-CH(Cl)-]_n$　　$HO-(CH_2-CH=CH-CH_2)_x-OH$　　$[-CH_2-CH(CH_2-N_3)-O-]_n$

PVC　　HTPB　　GAP

NH_4ClO_4　　$(O_2N)_2N^{\ominus}\ NH_4^{\oplus}$　　$(O_2N)_3C-H\ {}^*N_2H_4$

AP　　ADN　　HNF

PVC:聚氯乙烯

HTPB:端羟基聚丁二烯

GAP: 聚叠氮缩水甘油醚

AP:高氯酸铵

ADN: 二硝酰胺铵

HNF:硝仿肼

推荐阅读

[1] R. Meyer, J. Kohler, Explosives, VCH Publishers, Germany, 1993 (Encyclopaedia – handy for referencing).

[2] T. Urbanski, Chemistry and Technology of Explosives, vol. 1–4, Pergamon Press, Oxford, New York, 1983.

[3] A. Bailey, S.G. Murray, Explosives, Propellants and Pyrotechnics, Pergamon Press, Oxford, New York, 1988.

[4] B. Siegel, L. Schieler, Energetics of Propellant Chemistry, John Wiley & Sons. Inc., New York, 1964.

[5] S.F. Sarner, Propellant Chemistry, Reinhold Publishing Corporation, New York, 1966.

[6] S. Fordham, High Explosives and Propellants, Pergamon Press, Oxford, New York, 1980.

[7] J.P. Agarwal, High Energy Materials, Propellants, Explosives and Pyrotechnics, Wiley, 2010.

[8] N. Kubota, Propellants and Explosives Thermochemical Aspects of Combustion, 2007.

思考题

1. 固体火箭发动机的两个主要部分是什么?
2. CD 喷管在火箭发动机中的作用是什么?

3. 根据推力方程,解释为什么真空环境中火箭推力最大。

4. 固体火箭发动机和液体火箭发动机各自相对的优缺点是什么?

5. 解释为什么比冲的单位是秒,它与喷出气体速度的关系是什么?

6. 计算固体推进剂的质量:比冲为 210s,装填在火箭发动机中提供的总推力为 6t。推进剂燃烧时间为 4s。(答案:114.3 kg)

7. 两个决定推进剂比冲的主要特征参量是什么?

8. 导致实测比冲比理论比冲低的因素是什么?

9. Vielle 定律的内容是什么? 为什么推进剂化学家都必须考虑压力指数 n 的值?

10. C^* 的意义是什么?

11. 为什么火箭推进剂化学家的工作犹如走钢丝一般?

12. 为什么 CMDB 推进剂的能量比复合推进剂和双基推进剂更高?

13. 制作复合推进剂的主要工艺流程是什么?

14. 为什么浇铸火箭推进剂需要具有高的延展性和抗压性?

15. 说出一些在固体火箭推进剂中具有应用潜力的备选聚合物黏合剂、燃料和氧化剂。

第七章　含能材料用作烟火药

7.1　引言

人们普遍地将烟火药简单地认为就是火工品。通常认为，中国人在1000多年前首先发明了烟火。中国人也是早期烟火药领域的专家，他们早在10世纪就发明了火箭。正如第一章中提到的，英国科学家罗杰·培根在13世纪定量研究了黑火药，欧洲在14世纪普遍将黑火药作为加农炮的发射药。当烟火药的应用经历了从民用（即用于艺术和烟火）到军用的转变后，研究者们在寻找合适的化学组分以及创新配方和工艺方面进行了大量的努力，使烟火药领域的研究取得长足的进步。

7.2　应用

让我们考虑以下状况：一枚用于军事或空间任务的多级火箭发射。第一级的推进只有通过使用点火器恰当地点燃推进剂，而点火药使用的正是烟火药。在小尺寸的单级火箭中，这可能是一个含有一定装药质量和颗粒尺寸的药筒。更高级推进系统的点火器中的烟火药则往往是金属镁、硝酸钾（KNO_3）以及黏合剂的混合物。

任务的成功取决于点火药正确的配方、装药量以及药粒尺寸。下面是几个例子：

（1）某种用于双基火箭推进剂的点火药主要基于黑火药。点火药的设计（质量、药粒尺寸以及药筒的形状）需要根据推进剂的特征并进行大量测试以确保推进剂与点火药的匹配。黑火药用细薄布包封装后放置在推进剂药柱的环形区域中。

（2）复合推进剂的点火药组分由氧化剂、金属燃料以及黏合剂（例如硼/KNO_3/黏合剂）组成。点火药组分被封装在金属筒中，金属筒在点火药引燃时很容易破裂并将火焰散布到推进剂喷口的全部表面上。根据需求，往往还需要引入一个延迟某一固定时间（从数毫秒到数秒）的驱动装置，这可能是一个雷管或推进装置。一个延迟引信中含有特定的烟火药组分用于达到此目的。配方的组成中涉及的多种烟火药组分比例必须非常精确并通过理论和实验的验证。一个典型的延迟引信配方中包括铬酸钡（$BaCrO_4$）/三硫化二锑/高氯酸钾。

在特定的战争环境下，某些敌对目标需要单纯通过热量而不是爆炸来摧毁。

适用于此目的的燃烧弹正是基于烟火药组分并使用易自燃（当与空气接触时即被点燃）的引火材料，如锆。一个典型的基于锆的燃烧药组分包括锆/绉片胶。

在夜战中，往往需要使用照明烟火药用以照亮敌方阵地。照明烟火药需要有精确照明时间并且强度从数千至数百万流明之间可调节。一个典型的照明烟火药组分包括镁/硝酸钠（$NaNO_3$）/树脂（黏合剂）。

发信号在任何战争时期以及和平时期的紧急事件中都是至关重要的（一个多世纪以前，"泰坦尼克"号沉没过程中发射了大量的信号弹）。用于传递不同信号的烟火药剂已经发展了很长的时间并且到现在依然在使用。典型的信号弹药剂包括：

（1）镁/硝酸锶（$Sr(NO_3)_2$）/树脂；

（2）镁/$NaNO_3$/树脂。

烟火药也用于在空中跟踪目标，即曳光剂。典型的曳光剂组分包括镁/$NaNO_3$/$Sr(NO_3)_2$/树脂。

在战术作战中，诱饵弹仍然被用于诱骗敌方的热寻的导弹，通过发射诱饵弹，利用诱饵弹中的烟火药释放出的类似飞机的信号（主要是红外信号）使导弹转向达到保护飞机的目的。典型的诱饵药剂主要是镁/聚四氟乙烯/氟橡胶。

一些烟火药剂会产生烟雾以及遮蔽视线（一些特殊的药剂能够产生无法被红外辐射穿透的烟雾）或传递信号（使用不同颜色的烟雾），例如红磷/KNO_3/树脂。

有意思的是，我们还注意到某些特定的烟火药剂不是用来传递信号而是用于干扰。例如，某种特殊的药剂能够产生飞机的声音用来干扰敌方。

7.3 烟火药的基本原理

7.3.1 烟火药的化学组分

烟火药的基本化学组分包括氧化剂、燃料以及黏合剂（在大多数情况下）。通常还需加入一种或数种化学药剂的混合物以产生不同的效应，如上节中所提到的。有时，烟火药是分散使用的甚至在某些情况下并不产生燃烧。例如，一种用于发烟的药剂主要使用诸如四氯化钛之类，在水解过程中会产生大量的烟雾，这类药剂也被归入烟火药剂中。

1. 氧化剂

烟火反应通常是固－固反应。所用的氧化剂均是固体细粉，并且氧化剂的粒径需要严格限制在指定范围内。大部分氧化剂是金属盐如氯酸盐（例如氯酸钾）、铬酸盐（例如铬酸钡）、重铬酸盐（例如重铬酸钾）、硝酸盐（例如硝酸钾）以及氧化物（例如过氧化钡）。所有这些盐在分解过程中放出氧使燃料氧化。卤素同样也是好的氧化剂材料，因此一些化合物例如特氟龙（聚四氟乙烯）也被有效使用在某

些特定的烟火药中作为氧化剂。当为某种烟火药剂选择氧化剂时,需要特别考虑以下因素:

(1) 能量特性上,氧化剂必须具有适当的分解热。如果分解热过高,则高热量可能导致烟火药剂爆炸;如果分解热过低,过低的输出热量甚至可能无法点燃烟火药剂或燃烧速度很低。

(2) 绝大多数氧化剂盐含有碱金属(例如 KNO_3)或碱土金属(例如$Sr(NO_3)_2$)阳离子,因为这些金属都不易得电子(或者说是很好的电子给体)。因此,它们不会与金属燃料如镁或铝反应。例如,我们不会希望发生如下反应:

$$2Na^+ + Mg \rightarrow 2Na + Mg^{2+}$$

(3) 由于渗入极少量的水分都会破坏烟火药的性能(极端情况下会导致起火或爆炸),氧化剂必须具有极低的吸湿性。在烟火药的加工过程中必须严格控制湿度也是出于同样的原因。

(4) 选择的氧化剂应该是低毒性的,并且对于摩擦以及撞击都不能过于敏感以保证在加工、运输和储存过程中的人员安全。

2. 燃料

烟火药中使用的燃料为在氧化过程中能够提供足够能量的粉体材料(金属或非金属)。在选择燃料－氧化剂的组合时,需要仔细评估输出的热量(这决定了火焰温度)以及产物的性质。金属燃料用于需要高热量输出即高火焰温度的体系中。例如,对于照明药剂,高火焰温度是确保足够高的发射光强度的必要条件。在许多照明药剂中,金属镁都是一种比较好的燃料,这是因为其氧化放热非常高,并且生成白炽的氧化镁颗粒,这有助于高强度的光输出。相反的,金属镁不能够用在需要低热输出的药剂中,比如在彩烟药剂中需要使用有机染料。高热输出会使染料分解,无法实现释放彩色烟雾的目的。在这类药剂中,往往使用低热燃料例如糖。

3. 黏合剂

参考6.7.1节,我们可以看到黏合剂在复合固体推进剂的制备中起到了至关重要的作用。它们不仅使推进剂具有完整的结构,而且在推进剂燃烧过程中也作为有机燃料的一个来源。黏合剂包括天然黏合剂(如虫胶、蜂蜡)和人工黏合剂(如聚氯乙烯、环氧树脂等),其在烟火药中起到如下作用:

(1) 提高所有颗粒之间的粘结力并将所有组分结成一体;

(2) 黏合剂包覆并保护了药剂中的活性组分例如金属粉等,否则这些活性组分很容易被空气中的氧气氧化;

(3) 黏合剂降低了药剂对于冲击以及其他刺激源的敏感性;

(4) 在某些情况下,黏合剂能够调节最终药剂的燃速。

选择的黏合剂必须是中性的(既不能酸性也不能碱性)并且是不吸湿的,以防止烟火药在生产或储存过程中产生任何问题。比如,一种水基的黏合剂一定会在使用镁的药剂中产生问题,因为后者非常容易与水反应。同样,黏合剂会对最终产品的固化/结构完整性产生影响。

4. 其他组分

降速剂是一种化学药剂，添加到特定烟火药中用来降低燃速至需要的水平。这些降速剂通常是指在分解过程中会吸收热量的化合物，如碱金属和碱土金属的碳酸盐、重碳酸盐以及草酸盐等。

例如，草酸钙（一水合物）加入药剂中后会发生吸热分解如下：

$$Ca(C_2O_4) \cdot H_2O \xrightarrow{\text{热}} CaO + CO + CO_2 + H_2O$$

因为草酸盐在分解过程中吸热，会产生冷却效应，进而降低火焰温度和烟火药剂的燃速。

7.3.2 影响烟火药性能的因素

烟火药的反应本质上是固－固反应，烟火药剂的性能主要取决于这些固体材料（粉末）的某些参数，不管是氧化剂、燃料还是惰性填料等。这些参数将在下面的章节中进行介绍。

1. 化学计量比

参与烟火反应的反应物，其化学计量比应该使烟火反应达到一个平衡反应，这将确保最大的热输出和最高的燃烧速率。另一方面，任何燃料或者氧化剂的过量都会使单位质量药剂的净热输出低于要求。

2. 颗粒尺寸

在前面章节中介绍线性和质量燃速时已经讨论过了组分的粒径在决定含能材料燃速方面的重要性。在烟火药的性能方面，由于是固－固反应，颗粒尺寸的影响变得极为重要。化合物的平均粒径（粗略假设每个颗粒都是球形）决定了其比表面积（表示为 m^2/kg 或 cm^2/kg）。颗粒的比表面积以及混合的均匀程度将决定烟火药剂中氧化剂和燃料（或其他组分）之间相互接触的紧密程度。因此，要求对于某种烟火药剂，在组分制备时需要进行严格的质量控制（即精确控制颗粒的尺寸）。

3. 避免储存过程中材料降解

几乎所有的烟火药剂都需要将细碎的金属粉、氧化剂的细粉以及其他成分进行细致的混合。由于材料的高比表面积，这些药剂组分极易在储藏过程中降解。例如，金属镁的细粉极易被空气中的氧气氧化，在颗粒表面形成 MgO 的包覆层进而影响药剂的性能。为了避免这一问题，在将镁粉加入药剂前需要在其表面包覆惰性物质如油漆和涂料等。一些氧化剂如 $NaNO_3$ 等容易吸湿，因此在储存过程中，水分渗入会导致药剂中的氧化剂成分潮湿甚至溶解，致使烟火药剂的性能出现严重下降。因此，最终产品应密封保存以防止水汽的进入，这是至关重要的。

7.3.3 烟火药中涉及的安全问题

对于烟火药，包括其成分设计/配方、组分的制备、最终药剂的加工、包装、运输

和储存等,每一个阶段都需要严格的、强制性的安全控制措施。烟火药的高危险等级主要由于以下两个因素:

(1) 药剂的组分无论是个体(易燃的 Zr)还是组合($Al + Fe_2O_3$组成铝热剂)都是非常敏感的;

(2) 药剂组分的粒径很小,在某些特定药剂中甚至达到亚微米尺度,因而具有极高的比表面积。在某些情况下,有些晶体颗粒具有尖锐的顶点或高硬度会导致危险性升高。在这种情况下,加工过程中必须采取相应的保护措施。

在使用任何新的组分前,必须对目标材料进行详细的文献调研以及残料安全数据分析以评估其危险性(着火、爆炸以及毒性危害)。更重要的是,必须仔细研究药剂中各个组分之间的相容性。很多成分,尽管单独存在时无害,但在与其他组分混合且未采取适当的预防措施情况下,就可能会产生灾难性的后果。下面是一些例子:

(1) 氯酸盐与含硫和磷的化合物以及含碳化合物和铵化合物高度不相容(在储存过程中有水汽进入的情况下会缓慢生成硫酸和磷酸,它们接下来又会与氯酸盐反应生成高度不稳定且易爆的氯酸)。

(2) 超细的高氯酸铵或硝酸铵在有含碳杂质存在的情况下对撞击非常敏感。

(3) 即使是极少量的水,当它与含有锆、钛、镁、锌或铝的细粉的混合物接触时,都是非常危险的。

总的来说,绝大多数烟火药剂对于摩擦、撞击、火焰以及静电放电都是非常敏感的。当需要制备大量药剂时,混合作业应遥控操作。虽然少量制备时往往通过手工混合,但也必须强制使用安全设备/设施例如导电垫、导电手套等,这些设备必须连接到一个正常工作的静电放电系统上。这将确保组分混合时周围没有静电电荷存在。必须记住,某些组分可以被低至几毫伏的静电放电所点燃。由于静电电荷的产生与加工间的湿度是密切相关的(低湿度有利于静电的产生),需要在加工过程中打开加湿器以确保相对湿度控制在精确范围内。

已报道的许多事故都发生在烟火药储存的废物处理过程中。应该制定适用的标准操作规程,当进行处理时,根据烟火药的种类严格按照操作规程执行。

7.4　总结

一个多世纪以来,烟火药走过了很长的路,从黑火药到各种精密的烟火装置,并被广泛用于与防御以及空间任务相关的各种应用当中。这些任务的成功很大程度上依赖于可靠且性能优异的烟火药剂在传爆序列中起到的作用。尽管人们通常说"烟火药的制作是一门艺术",但事实上,这一领域是一个涉及固体化学和工程的多学科领域。尽管烟火药有很多用处,我们必须记住烟火药对于机械撞击、热/火焰以及静电放电非常敏感,如果不严格遵循其安全法则将有可能导致灾难性的后果。

推荐阅读

[1] J.A. Conkling, C. Mocella, Chemistry of Pyrotechnics: Basic Principles and Theory, second ed., 1947.
[2] Pyrotechnic chemistry, Journal of Pyrotechnics (2005). Pyrotechnic series.
[3] J. Akhavan, The Chemistry of Explosives, third ed., Royal Society of Chemistry, 2011.
[4] J.P. Agarwal, High Energy Materials, Propellants, Explosives and Pyrotechnics, Wiley, 2010.
[5] R. Meyer, J. Köhler, A. Homburg, Explosives, 2007.
[6] N. Kubota, Propellants and Explosives Thermochemical Aspects of Combustion, 2007.
[7] U. Teipel, Energetic Materials Particle Processing and Characterization, 2005.
[8] M. Hattwig, H. Steen, Handbook of Explosion Prevention and Protection, 2004.

思考题

1. 已知最古老的烟火药是什么?

2. 当黑火药被用作火箭推进剂的点火药时,有哪些因素是非常重要的?

3. 一种复合推进剂的点火药包括硼/KNO_3/增塑的乙基纤维素。各组分的作用分别是什么?

4. “自燃”是什么意思?请举出一个自燃物质的例子。

5. 特氟龙是一种常见的聚合物,其分子内不含氧。那么它是如何作为氧化剂的?

6. 为什么烟火药剂中使用的大部分盐类氧化剂均含有碱金属或碱土金属?

7. 为什么在制造彩烟时不能使用高热值的组分?

8. 什么是比表面积?它的单位是什么?为什么这个参数在设计烟火药配方时非常重要?

9. 为什么当我们在烟火药剂中使用镁粉之前需要在其表面包覆油漆或清漆类物质?

10. 为什么在加工烟火药时过低的湿度是危险的?

第八章　含能材料的安全性

8.1　引言

您是否注意到了一个奇怪的现象？炸药是危险、让人恐惧的物质，但炸药制造工业却未能排到人类历史上最容易发生事故的产业的前10位（煤炭和钢铁行业事故最为频发）。很明显，这是因为从事炸药生产的人对与其接触的物质的危险性有足够的认识。在生产中，该行业采取了一系列安全预防措施，遵循标准的操作流程（SOP）；此外，对于任一操作步骤中允许和禁止的事项均有明确规定。然而，仍偶有事故发生，其中还包括一些灾难性事故，这是由于人员的疏忽或无知导致出现了一些问题。请牢记，在含能材料领域，安全是最首要的事项，其余包括项目的成功、成本等都应排在安全之后。本章为读者提供了关于含能材料各方面安全性的要点，这些要点非常重要、不可或缺。

8.2　危险的本质

前文中已经提到，含能材料会发生伴随有冲击波的爆轰（产生破坏性的爆轰波）或爆燃。发生爆轰或爆燃主要由周围环境，特别是含能材料所受到的束缚大小而决定。爆轰波和冲击波的协同作用会导致灾难性的结构损伤，还会使碎片具有很高的速度。爆燃所产生的高温则会烧毁与之接触的任何物质。含能材料可能造成的危害可以分为以下几类：

（1）对于高能炸药来说，会形成极具破坏性的爆轰波和爆炸压力。

（2）当推进剂燃烧时，生成大量高压（压力可达数百个大气压）和高温（特定推进剂的火焰温度可达3000K）气体，放出大量热。

（3）烟火剂燃烧时，会产生大量热辐射。

因此，应强制要求从事含能材料研究和生产的人员具备含能材料的化学性质、热行为、摩擦感度、撞击感度、静电火花感度以及组成配方的成分间的相容性等方面的基础科学知识。

热力学因素、分子结构因素和晶体缺陷这样的因素使得少数含能材料对于摩擦、撞击、热或静电火花敏感。其中，晶体缺陷容易导致“热点”触发。关于这些因素的基础知识对于从事含能材料合成、加工、处理、运输和储存工作的人员来说都是必要的,他们应对含能材料的潜在危险有充分的认识。

8.3 含能材料的危险等级

美国已将包括爆炸物、有毒化学品、易燃物质和放射性物质等在内的不同危险物质的危险等级分为9级。其中,含能材料的危险等级为1级。此外,根据含能材料的感度以及在事故中能造成的危害程度,又将含能材料分为1.1~1.6等6级(HD)。表8.1给出了含能材料的危险等级。其中HD 1.1、HD 1.2和HD 1.3非常重要。

HD 1.1:危险等级为HD 1.1的含能材料会发生剧烈的爆轰,产生爆轰波和爆炸压力。破坏主要由冲击波和高速碎片导致,其中碎片包括壳体碎片和石块等。此类含能材料爆炸后会形成弹坑。

HD 1.2:当装有含能材料的弹体(例如已安装喷管的火箭发动机)发生事故时,主要危险为弹体的运动,则此类含能材料的危险等级为HD 1.2。

HD 1.3:危险等级为HD 1.3的含能材料包括火药等,其会发生爆燃(燃烧)。其主要危险为燃烧的大火和偶尔产生的、较弱的冲击波。

表8.1 美国的含能材料危险等级分类

等级分类	危 险	例 子
HD 1.1	剧烈爆轰,产生爆轰波,伴随着强冲击波效应和高爆压,产生弹坑	起爆药、高能炸药
HD 1.2	弹体的运动和破碎	安装喷管的发动机、手榴弹
HD 1.3	大火、热辐射	火药、烟火剂
HD 1.4	无明显危险	小型武器的弹药、火帽
HD 1.5	触发可能性很小	非军用炸药
HD 1.6	非常不敏感的物质	非军用炸药

研究人员详细研究了空气冲击波超压对人体的作用,结果如表8.2所列。

表8.2 空气冲击波超压对人体的作用

可能的效应		冲击波压强/psi(kPa)
	耳膜破裂	
阈值 概率50%		7(48) 15(105)
	肺部受损	
阈值 严重		30~40(207~276) 80(552)
	死亡	
阈值 概率50% 概率100%		100~120(690~828) 120~180(828~1242) 200~250(1380~1725)

含能材料的危险包括:①剧烈爆轰;②剧烈燃烧;③热辐射,其中前两项与其所处环境相关,例如所受到的约束程度。例如,当燃烧 50kg 发射药时(与处理废药程序相同),需要将其铺成薄薄一层以使其安全燃烧。若将上述发射药堆积起来燃烧,则发射药受到的约束会使其首先爆燃,随后转变为爆轰。外界的约束使其燃烧产生的气体产物无法溢出,导致压强升高并提高了含能材料的燃速,当燃速提高至一定程度时,即形成了爆轰波。处理废弃的炸药/火药/烟火剂是非常危险的,已经在全世界范围内导致了多起灾难性事故。因此,在处理废药过程中应严格遵守安全规章制度。

8.4　伤害

由于遵守标准的操作流程和采取预防措施,已经避免了多起重大事故。在讨论这些流程以及允许和禁止的事项时,先回顾一下严重事故可能导致的各种伤害。

(1) 人:身体严重损伤以至死亡。

(2) 财产:建筑物、设备和物资的损毁。

(3) 影响工作人员的士气。

(4) 停工。

(5) 单位、机构的声誉受到影响。

8.5　通用安全规则

从事含能材料领域工作的人员,应该重点关注下面的安全要点。

1. 防患于未然

在工作中,应注意防患于未然,特别是在从事新材料或是新配方相关工作时。

2. 不单独工作

开展涉及含能材料的工作时,不应单独进行。

3. 样品量从小到大

当处理起爆药等高感度的化合物或配方时,应从最小样品量开始。最小样品量可与安全部门商讨确定。

4. 安全防护

工作时应有安全防护设施。

5. 火灾:时刻警惕并做好准备

时刻警惕火灾的发生,确保灭火装置处于待命状态。

6. 设备接地

当处理起爆药和烟火剂等高感度的含能材料时,设备和人员都必须接地。在干燥的天气里处理烟火药和推进剂等火药时,工作人员和设备也必须接地。

平时应定期检查设备所配备的静电放电器以及防静电毯、防静电手套和防静电服等，以确保其正常工作。

7. 工作时穿戴防护服并佩戴防护装备（包括防静电装备）

根据操作的不同，使用的防护装备包括防毒面具、护目镜、防护帽、围裙、安全鞋、防静电鞋等。

8. 控制相对湿度

当生产和处理对静电敏感的炸药、火药和烟火剂时，生产车间和实验室内的相对湿度应高于60%。为实现对相对湿度的控制，车间和实验室应配备加湿器。

9. 保持整洁

保持车间/实验室的整洁对于避免事故很重要。应确保房间内没有堆放过多的设备、硬件和原料。避免将不相容的物质存在一起。在工作开始前应确保逃生通道畅通。

10. 认识材料的危险性

从事含能材料相关人员应该深入认识材料的安全性。在开始新工作前，应进行详细的文献调研，例如：

（1）高氯酸盐与含碳物质、铵化合物、硫和红磷等不相容。

（2）含 Zr/Ti/Mg/Zn/Al 粉的混合物与水不能接触。

（3）当有含碳杂质存在时，超细高氯酸铵和硝酸铵对撞击非常敏感。

11. 毒性

很多含能材料及其相关的化学过程不仅可能爆炸、起火，还有毒。例如，长期接触 RDX 和 TNT 可能导致皮肤病变。异氰酸酯（例如用于复合推进剂制造的甲苯二异氰酸酯）可导致支气管炎等肺部疾病。长期摄入苯等溶剂可引发癌症，而钡、铅等重金属离子会严重损害肝脏和肾脏的功能。因此，应采取下列措施：

（1）按照要求使用防毒面具、防护手套和围裙等个人防护装备。

（2）对于特定化学物质，定期检测工作场所中的有毒烟雾。

（3）必要时对废水进行处理。

12. 制定工作计划

对于成熟的工作流程，在工作开始前确保已制定好标准工作流程，并遵守人数限制、药量限制、灭火器具、场所保洁和设备接地等安全要求。

对于新的工作流程或是新型含能材料的合成，在工作开始前进行充分的文献调研以预估工作中存在的危险；随后制定详尽的工作计划，避免出现任何失控的化学反应、火灾或是爆炸。

13. 危险评价

在合成/加工新型炸药/配方时：

（1）从最小的量开始。

（2）在合成之后，立即通过撞击感度测试、摩擦感度测试、静电火花感度测试、差示扫描量热法和真空安定性测试等不同的方法测定其感度和稳定性。

（3）对于新混合物，应首先通过 DTA 等手段测定其组分间的相容性。

上述测试的结果可以为进一步的加工或工艺放大提供参考。

14. 储存、运输

在爆炸物的储存和运输过程中，应仔细阅读法定的爆炸物规程。在设计爆炸物处理厂房或药库时，除包含特定导线、防爆墙等防护必要措施外，还应严格遵守储存的内量距离（SIQD）、过程内量距离（PIQD）和外量距离（OQD）。在爆炸物的储存和运输过程中，应着重注意以下几点：

（1）只能使用专用的危险品运输车；

（2）不相容的爆炸物不能一起运输。

注意：在含能材料领域，已有大量针对药量－距离关系开展的研究。例如，当需要建设一个储存 2t RDX（危险等级 HD 1.1）的危险品储存库房（ESH）时，其与相似库房或住宅区间的最小安全距离（D）是多少？显然，库房与库房间和库房与住宅区间的安全距离 D 是不同的，库房与住宅区间的安全距离应该大得多。可以用如下经验公式计算最小安全距离 D：

$$D = K \times Q^{1/3} \tag{8.1}$$

式中，D 为危险品库房（可认为是潜在的爆炸点）与建筑物/设备/设施之间的最小安全距离（m）；Q 为库房中危险品的质量（kg）；K 为防护等级，其值取决于所需要防护的人、物等。

图 8.1 进一步解释了此概念。

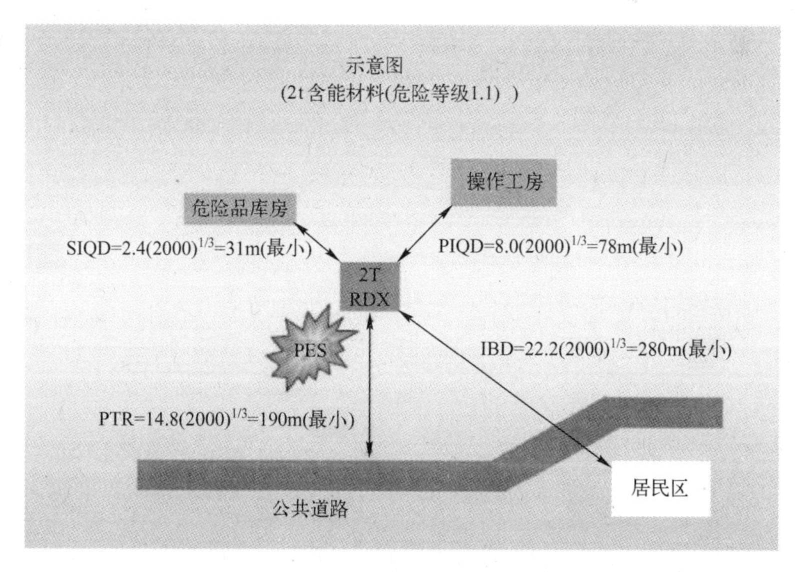

图 8.1　药量－安全距离关系示意图

在上述例子中，设危险品的量（NEQ）为 2000kg，与另一座危险品库房和居民

区对应的 K 的值分别为2.4和22.2,则

$$(SIQD): D = 2.4(2000)^{1/3} \sim 31\text{m}(\text{最小值})$$

$$(OQD): D = 22.2\ (2000)^{1/3} \sim 280\text{m}(\text{最小值})$$

上述结果意味着,同样条件下,危险品库房与居民区间的安全距离是与危险品库房间安全距离的9倍。

15. 废药处理

尽管废药处理看起来无害而且属于常规工作,但是实际上处理炸药、火药和烟火药的废药是含能材料领域最危险的工作。正如上文所提到的,在火炸药和弹药的废药处理中,已发生了多起致命的事故。针对废药处理,应制定完善的计划并依据文献中的规范严格执行。

8.6 结论

正如通常描述火和电那样,火炸药也是“我们最好的朋友和最坏的敌人”。当我们讨论火炸药的安全性时,请牢记以下三点:

(1) 无知是不可原谅的。

(2) 疏忽是不能容忍的。

(3) 过分的自信是不可宽恕的。

推荐阅读

[1] R.M. Downey, Explosives Safety Standards: Safety, United States, Department of the Air Force, Headquarters US Air Force, 1992.

[2] DoD, Ammunition and Explosives Safety Standards, Defense Technical Information Center, 1978.

[3] DOE Explosives Safety Manual, Manual HS—Office of Health, Safety and Security, January 09, 2006.

[4] A. Bailey, S.G. Murray, Explosives, Propellants, and Pyrotechnics, Pergamon Press, Oxford, New York, 1988.

[5] Service Textbook of Explosives, Ministry of Defence, Publication, UK, 1972.

[6] P.W. Cooper, Explosives Engineering, VCH, Publishers Inc, USA, 1996.

[7] J. Akhavan, The Chemistry of Explosives, third ed., Royal Society of Chemistry, 2011.

思考题

1. 含能材料的不同危险分级有哪些?
2. SOP是什么?其对于新的危险品工艺有多重要?
3. 灭火器材的分类有哪些?
4. 如何在火炸药安全性评价中使用热分析方法?
5. 防止含能材料在静电作用下被点燃的必要步骤有哪些?
6. 为何在处理火药废药时要将其铺成薄层?

第九章　含能材料的安全监测

9.1　引言

显然,恐怖主义是全球和平所面临的最大威胁和挑战。目前,虽然核武器、生物武器和化学武器的威力更大,世界各国应该给予重视并采取措施,但恐怖分子使用最多的却是高能炸药。人类的生存取决于人的愿望、技术的发展和所采取的策略。

我们目睹过恐怖袭击中高能炸药的使用。使用的方式从硝酸铵与钉子(钉子在硝酸铵点火后即变为高速运动的弹丸)的混合物组成的简易炸药包和雷管到遥控起爆的复杂爆炸装置。如果恐怖分子没有获得弹药或如 RDX 这样成本较高、具有战略意义的炸药,他们还能使用容易获得的民用炸药(主要为硝酸铵基炸药,也包括硝化甘油基炸药)。恐怖分子在非传统战争中使用的爆炸装置称为简易爆炸装置(Improvised Explosive Devices,IED),其具有多种形式,包括邮件炸弹、管式炸弹以及隐藏在收音机/公文箱/饭盒/玩具等中的炸弹。表 9.1 列出了 IED 中常用的炸药。

表 9.1　一些临时爆炸装置(IED)的成分

IED 中使用的传统/军用炸药	IED 中使用的民用炸药
RDX 基 IED	硝酸铵基 IED
SEMTEX (RDX、苯乙烯 - 丁二烯共聚物和添加剂 (1988 年泛美航空公司空难中使用的塑性炸药)) SEMTEX - H (RDX、PETN、苯乙烯 - 丁二烯共聚物、机油和添加剂 C - 2:RDX、TNT、DNT、MNT 和 NC C - 3:RDX、TNT、DNT、Tetryl 和 NC C - 4:RDX、聚异丁烯和燃油)	红钻石:硝酸铵、硝酸钠、硝化甘油和添加剂 ANFO:硝酸铵和燃油 Prillex:硝酸铵和柴油 Sigmagel Titagel:硝酸铵、硝酸钠和硝酸钙 Lovex:硝酸铵、甲基硝酸铵和凝胶助剂 乳化炸药 Nipak:硝酸铵、硝酸钠、聚氨酯和添加剂
TNT 基 IED	其他
Cyclotol:RDX 和 TNT Tetryol:TNT 和 Tetryl	Petrogel:硝化甘油、乙二醇二硝酸酯、硝化棉、硝酸钠和添加剂 Dynamite:硝化甘油和 Keiselgur 悬浮液和水凝胶炸药
PETN 基 IED	
Detsheet:PETN 和增塑剂 Pentolite:PETN 和 TNT	

恐怖分子在恐怖活动中使用非常规危险品作为炸药也值得关注。最近的一些研究使用 CHO 化合物(不含硝基和硝酸根,可以逃避爆炸物监测)作为炸药,值得我们关注。例如,几年前,恐怖分子曾计划在伦敦用三过氧化三丙酮(TATP)炸毁空中的飞机,但该活动被挫败。TATP 可以从清洁剂中获得。六亚甲基三过氧化二胺(HMTD)不含硝基和硝酸根,也可用作炸药。在从加拿大进入美国的阿尔及利亚恐怖分子身上,曾经搜出该种物质。

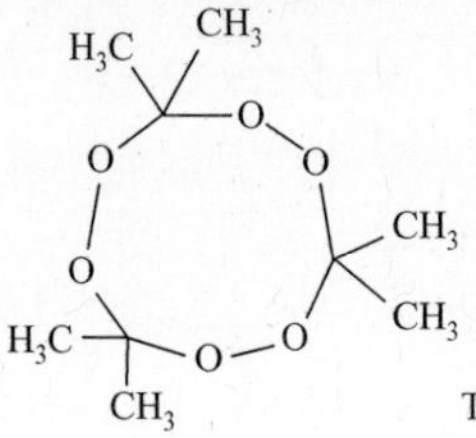

TATP 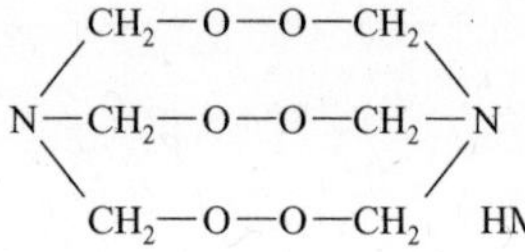　　HMTD

9.2　爆炸物检测

隐藏爆炸物的检测和爆炸的预防是目前世界各国面临的主要技术挑战之一。在这个领域,研究人员已经开展了大量的工作,为实现这一目的所设计和制作的各类装置均有其优缺点。早期所采用的一种方法是在爆炸物的生产过程中加入少量特定化学物质。该化学物质(称为爆炸物示踪剂)的蒸汽压较低,但其蒸汽很容易被电子捕获探测器(ECD)等设备检测到。然而,若该 IED 密封很好,示踪剂的蒸汽无法溢出,那这种方法就无效了。下面给出了一些爆炸物示踪剂:

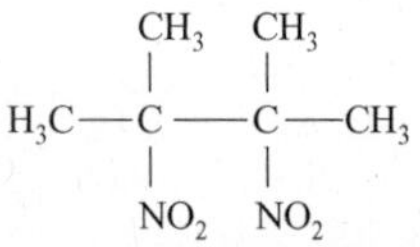

2,3 - Dimethyl - 2,3 - dinitrobutane 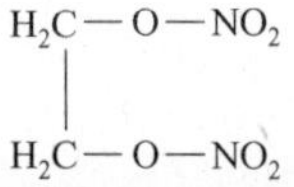　　Ethylene glycol dinitrate 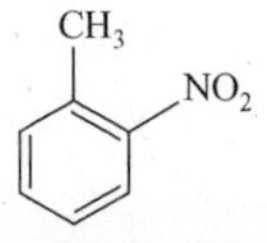　　*Ortho* mononitro toluene 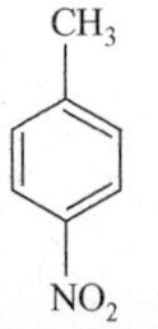　　*para* mononitro toluene

(注意:大部分的爆炸物蒸汽压很低。例如,RDX 和 PETN 在 25℃下的蒸汽压分别为 8.0×10^{-8} 和 7.0×10^{-9} mmHg。若这些爆炸物被包裹于塑胶炸药等高分子基体中,则其蒸汽的释放会显著降低。)

在爆炸物的监测中,嗅探犬的历史与移动探测器一样久远。报道称嗅探犬的可靠性能达到 90%。然而,在公共场合部署嗅探犬也暴露出了一系列问题,包括需要对犬进行持续训练和需要训犬员等。执法部门在机场、海关和其他重要的公共场合越来越依赖传统的 X 射线探测器。尽管沉重的 X 射线探测器能在扫描包裹、探测爆炸装置方面发挥重要的作用,但其不能移动的特性限制了它们在其他地方探测隐藏爆炸物方面的应用。从安全角度看,有时需要在一定距离外探测隐藏的爆炸物。为了实现这一目标,探测器需要在 10m 或更远的距离外监测爆炸物。目前,研究人员已经开发了多种不同的爆炸物监测装置,新的装置也在不断涌现。

每种检测装置都基于特定的原理,例如电子捕获(电子捕获探测仪,ECD)、化学荧光(化学荧光探测仪)、离子迁移谱(离子迁移谱仪,IMS)、材料的反磁性、快中子活化等。下面将对其中的一部分进行介绍。

9.2.1　电子捕获探测器

工作原理:此探测器记录由于爆炸物分子中特定电子吸附基团(例如 NO_2 等)吸附电子所导致的电流变化。ECD 用于检测可吸附电子的高负电性物质,例如色谱出口蒸汽中的卤化物。

优　点	缺　点
高选择性	只对少数几种组分起作用
高灵敏度(测量线 <1pg)	需使用放射性探测器
不破坏样品	线性范围较小/响应系数变化明显

9.2.2　离子迁移谱仪

工作原理:离子迁移谱仪(IMS)记录爆炸物特征离子的迁移运动。IMS 通过检测均匀电场中气相离子的运动,可以实现很低的探测限。

优　点	缺　点
在几秒内即可检测出含能材料是否存在	分辨率低
检测范围 0.1 ~ 10ng	容易受到大气环境影响

9.2.3　热氧化还原探测仪

工作原理:该探测仪记录爆炸物中—NO_2基团的电化学还原。此项技术基于爆炸物的分解以及随后产物中—NO_2基团的还原。

优　点	缺　点
除空气外不需要其他载气	灵敏度较低
装置可以移动、质量轻且由可充电电池驱动	不含能的硝基化合物会导致误报
使用成本低、培训成本低、具有用户友好特征	只适合用于蒸汽压高的化合物的检测

9.2.4　场离子谱仪

工作原理:该谱仪的原理是基于离子迁移能力与电场强度间的关系对离子进行筛选。

场离子谱仪,也称为横向场补偿 IMS,是一项探测痕量气体的新技术。该技术也可用于爆炸物和毒品的检测。该谱仪中没有传统 IMS 中将离子脉冲式送入谱仪的门电极。该谱仪可将离子连续不断地送入仪器中,直达探测器,从而提高了灵敏度。利用该技术,可以实现传统恒定电场 IMS 难以进行的分析。

9.2.5 基于反磁性的磁场检测仪

工作原理:每种材料均有其特征磁性,仪器可对其进行检测。

磁强计的应用范围很广,只要有电流存在,就会有磁场存在。通过磁场的检测,可以获得关于电活性、自旋原子的种类或金属的存在与否等方面的信息。该谱仪由激光器、含有汽化金属原子的腔体和光探测器组成。当用激光照射金属原子时,其排列成直线而不吸收光。磁场会打乱金属原子的排列,使其吸收激光。检测仪将记录下此变化。

该检测仪的体积较小,灵敏度较高,可在炸弹的检测中发挥重要作用,同时可集成进核磁共振成像仪(MRI)中。此外,该检测仪的成本和能耗也较低。对于IED和矿场中被爆炸的炸药的检测,检测仪的小体积和低能耗可发挥重要作用。该检测仪还可组合成阵列,从而可以在给定的时间内获取更多的数据。

9.2.6 核四极矩共振检测仪

核四极矩共振(NQR)是一项由核磁共振衍生出来的技术。任何拥有超过一个未成对核子(包括质子和中子)的原子核上均存在电荷分布,从而导致了电四极矩的产生。NQR可检测隐藏炸药的特征信号,为探测地雷提供了有效方法。

NQR可对很少量的炸药进行有效检测,其信号与爆炸物的尺寸无关。NQR的信号来源于凝聚相,因而避免了气相探测器的缺陷。NQR不需要使用昂贵而笨重的DC磁体,就可以实现NMR测定化学物质和MRI测定体积容量的功能。

9.2.7 微机电系统

微机电系统(MEMS)是近年新发展起来的技术,其包含集成的机械部件、探测器、执行元件和硅基底上的电子电路,上述部件通过微型制造技术组合。其中,探测器通过测量环境中的力、热、生物、化学、磁和光信号而收集信息。微电子集成电路(IC)处理采集得到的信息,并做出决策。执行元件按照命令做出移动、输送、过滤等操作或控制周围环境,以实现设定目标。目前,研究人员正在开发基于MEMS的通用爆炸物检测装置。

此外,已涌现了一系列基于不同光谱技术的爆炸物蒸汽检测仪,包括光致发光、共振增强多光束电离、腔振荡光谱、激光诱导击穿光谱、拉曼散射和激光成像探测与测距等。下面列出的技术也受到了很大关注。

(1) 生物传感器;

(2) 表面声波;

(3) 微悬臂地雷探测系统;

(4) 荧光放大聚合物;

(5) 反磁性探测器。

近年来,分析设备的微型化使得紫外-可见(UV-VIS)光谱仪、近红外光谱仪(IR)、荧光光谱仪和拉曼光谱仪等能胜任外场的分析工作。还有文献报道,质谱仪的微型化工作已取得显著进展,在不远的将来即可实现在外场中的应用。

对于痕量爆炸物检测装置来说,若没有机器人或是自控的车辆/飞行器,则装置的操作人员需要前进到距离 IED 几厘米的位置,在住宅区或是体育场等大范围内搜寻 IED 就变成了一项耗时费力的工作。

恐怖分子使用爆炸物进行袭击的势头并未减弱,而且他们所使用的爆炸物的技术水平和复杂程度多变。因此,世界各国正投入大量资金,研发更精确、更可靠、便携、误报率低和安全的爆炸物检测装置。

推荐阅读

[1] J. Yinon, Forensic and Environmental Detection of Explosives, John Wiley & Sons, Inc, 1999.

[2] M. Marshall, J.C. Oxley, Aspects of Explosives Detection, first ed., Elsevier Science, 2011.

[3] J. Yinon, Counterterrorist Detection Techniques of Explosives, Elsevier, 2007.

[4] J. Gardner, Y.J. Jehuda, Electronic noses and sensors for the detection of explosives, in: Proceedings of the NATO Advanced Research Workshop, Held in Warwick, Coventry, U.K, 2003.

[5] J. Gardner, Y. Jehuda, Electronic Noses and Sensors for the Detection of Explosives–NATO Science Series II, 2004. New York.

[6] H. Schubert, A. Kuznetsov, Detection of explosives and landmines methods and field experiences methods and field experience, in: Proceedings of the NATO Advanced Research Workshop, Petersburg, Russia, 2001.

[7] H. Schubert, A. Kuznetsov, Detection and disposal of improvised explosives, in: Proceedings of the NATO Advanced Research Workshop on Detection and Disposal of Improvised Explosives St. Petersburg, Russia, 2005.

[8] H. Schubert, A. Kuznetsov, Detection of liquid explosives and flammable agents in connection with terrorism, in: Proceedings of the NATO Advanced Research Workshop on Detection of Liquid Explosives and Flammable Agents in Connection with Terrorism, NATO Science for Peace and Security Series B, Petersburg, Russia, 2007.

思考题

1. IED 意味着什么?
2. 为什么 IED 难以探测?
3. 爆炸物示踪剂是什么?请列举出两种用于军用炸药的爆炸物示踪剂。
4. ECD 如何工作?
5. MEMS 是什么?如何制造 MEMS?
6. 是否存在检测爆炸物的通用方法?

第十章　含能材料的表征与评价

10.1　引言

对于任何涉及新化学物质设计的研究领域,对包括中间产物在内的所合成物质的表征和分析都非常重要,含能材料也不例外。表征为对物质的鉴定过程,而评价则指对所合成物质特定参数的测量。例如,研究人员使用色谱(确认物质的纯度)、波谱以及结构解析手段等一系列方法"表征"新合成的含能化合物,实现对所合成物质的鉴别。另一方面,研究人员可"评价"新化合物特定性能或是在特定领域的应用潜力。例如,对于新合成的含能材料,可分析其生成焓(热化学潜能)、爆速(VOD,即爆炸潜能)或是摩擦/撞击感度(机械感度)。

伴随着高度复杂的仪器分析技术的出现,含能材料的表征和评价技术也有了长足的进步。色谱、光谱和热分析技术是含能材料表征和分析使用的主要技术。此外,有趣的是,在评价含能材料的特定性质方面,一些已有几十年乃至一个世纪历史的技术仍在使用。炸药和特定火药的真空安定性测试、含能材料的摩擦和撞击感度测试以及炸药的冲击波感度测试技术看起来已经过时,但实际上,这些技术经历了时间的考验,非常可靠而且是不可或缺的。此外,对于特定的含能材料,还有一些专用的测试方法。例如,用于硝化棉(NC)的 Bergmann - Junk 测试测定了在一定温度下加热 NC,其在一定时间内释放出的氮氧化物的量,表征了 NC 的不稳定性。本章不涉及专用的测试方法,但给出了含能材料表征和评价的通用手段。

10.2　色谱技术

色谱技术是一系列分析手段的集合,其基于化合物在固定相和流动相中分布不同的原理,可用于从混合物中分离特定化合物。目前,已有多种色谱技术用于物质的表征,包括薄层色谱(TLC)、气相色谱(GC)、高效液相色谱(HPLC)等。这些技术用于物质的确定、分离、表征和含量测定。下面,我们将对用于含能材料的色谱技术进行讨论。

10.2.1　薄层色谱

薄层色谱(TLC)是一种快捷、简单、易用的低成本技术,在实验室的合成研究中有广泛应用。TLC 可以对产物进行快速检测,而化学研究人员可据此确定是否需要调整实验方案。TLC 通常不用作表征技术,但其可给出反应混合物中成分的数量。通过与标准物质进行比较,TLC 可以用于确认混合物中未知物质的存在。比较所使用的参数为相对前沿(R_f),它是溶剂前沿运动的距离与物质运动距离的比值。TLC 也可用于监测反应进程,可给出反应物转化率的相关信息。在单次实验中,TLC 可同时检测反应物、产物和可能产生的副产物。

TLC 板是一块沾有已知或未知物质斑点的固体吸附剂(通常为二氧化硅或是氧化铝)薄片。使用合适的溶剂(通常基于极性选择两种溶剂的混合物)对 TLC 板进行洗提。当溶剂到达 TLC 板的顶部时,将板从扩展室内取出并干燥。使用紫外灯照射 TLC 板,分离的物质可在紫外灯下辨识。相同的物质有相同的 R_f,即在板上的位置相同;不同的物质则处于 TLC 板的不同位置。

10.2.2　气相色谱

在气相色谱(GC)中,流动相为惰性气体,固定相则为液体或固体。在 GC 中,混合物各组分的分离基于溶质在气相和固定相中的分配系数不同而实现。将样品注射进入气相色谱(零时刻)与物质峰值出现间的时间间隔称为反应时间(RT)。RT 是物质的特征量,不同物质的 RT 不同。物质与固定相的亲和力越大,则越多的物质会被保留在色谱柱里,而且其在洗脱过程中将比与固定相亲和力小的物质更难被洗脱下来。GC 的主要局限在于其要求所分析的物质具有较高的蒸汽压。低熔点的炸药(例如三硝基甲苯和 DNAN)和高蒸汽压化合物(挥发性物质和液体)适合使用 GC 分析。GC 的主要优点在于其分析速度快且分析精度高。

10.2.3　高效液相色谱

与 GC 不同,高效液相色谱(HPLC)使用液体作为流动相,而包覆在惰性固态载体上的液体、固体吸附剂(例如二氧化硅和氧化铝)或离子交换树脂则用作固定相。HPLC 中混合物各组分的分离基于不同物质与固定相间的相互作用;相互作用程度不同,则物质被保留下来的程度也不同,从而实现了各组分的分离。例如,与流动相亲和力大于与固定相亲和力的物质更容易被洗脱,RT 也就更短。另一方面,与固定相亲和力大的物质则会在色谱柱内停留更长的时间。

从分离效率上来说,HPLC 优于其他的液相色谱技术。由于 HPLC 中高压泵的使用,HPLC 中的流速较快,从而可以实现更快的分析。

反相高效液相色谱(Reverse - phase HPLC)适用于爆炸物分子的监测和定量研究。其中,在对硝基化合物的研究中,常使用紫外探测器。使用此项技术,可以在很短的时间内鉴定并计算出混合物中多个组分的含量。

研究人员已经使用 HPLC 技术分析了多种爆炸物及其中间产物。图 10.1 给出了 HPLC 分析含能材料的示例。从图中可知,洗脱的时间顺序是:①HMX

(4.3min);②RDX(8.3min);③CL-20(18min)。所使用的实验参数如下:流动相为水和甲醇混合物,二者比例为60:40;流速为1.2mL/min;样品体积为10μL;色谱柱为C-18。

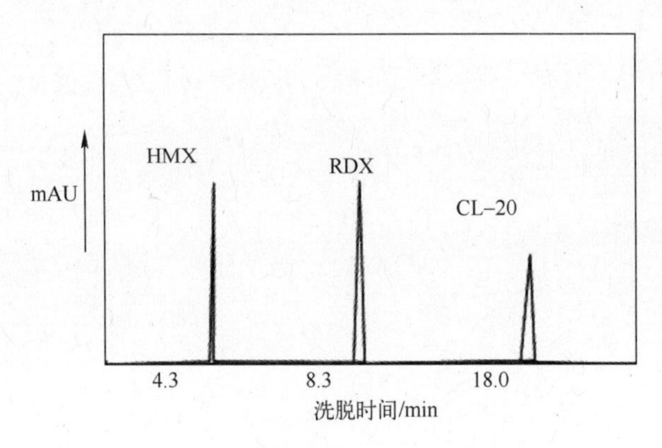

图10.1 硝胺炸药的HPLC色谱图

10.3 波谱技术

波谱技术是用于鉴定化学物质中官能团的重要技术。特定的电磁波(紫外光、可见光和红外光)与物质发生相互作用,所得光谱可提供研究化学物质分子结构的信息。

10.3.1 紫外/可见光光谱

紫外光(波长范围为200~400nm)可将分子中的电子由基态激发到激发态。可见光的波长范围为400~800nm。紫外-可见分光光度计是常用的紫外/可见光光谱分析仪器。紫外和可见光可将分子中的π电子和未成键电子激发到激发态,该情况常出现在含共轭双键的分子中。因此,光谱技术能提供的关于化学物质的信息是有限的。幸运的是,大部分的爆炸物分子都含有π和n电子,具有紫外活性。例如,CL-20中含有—NO_2基团,相应的在紫外光谱上230nm处有一个峰值。表10.1中给出了一些相关例子。

表10.1 部分具有紫外活性的爆炸物

化合物	λ_{max}/nm	化合物	λ_{max}/nm
NB	269	1,3-DNB	242
1,3,5-TNB	227	2,4,6-TNT	232
苦味酸	378	苦酰胺	333
RDX	213	HMX	228
CL-20	230	硝基胍	265

10.3.2　红外光谱

波数范围为4000～400cm^{-1}的电磁波属于红外光,其能量与分子中的振动能量相吻合。因此,红外光谱可以在化学物质中官能团的鉴别方面发挥重要的作用。需要指出的是,并不是分子中的每一个振动模式都在红外光谱中有对应的信号。仅那些能导致偶极矩变化的振动具有红外活性。表10.2列出了爆炸物中常见官能团的红外吸收频率。

表10.2　红外吸收频率

基　团	红外峰/cm^{-1}	基　团	红外峰/cm^{-1}
C—H	2850～3000	$—NO_2$	(1) 1510～1560 (2) 1330～1370
O—H	3000～3400	C≡N	2220～2260
N—H	3100～3450	$—N_{3=}$	2200
C═O			
醛	1680～1740	$—NO_3$	1350～1380
酮	1665～1725		

进行红外光谱测试时,首先将少量样品和矿物油混合成黏稠状,然后将其夹于两片氯化钠或氯化钾片之间,随后将样品放入仪器中进行测试。另一种测试方法是将磨细的样品与溴化钾(KBr)混合均匀并压成半透明的圆片,随后即可将含样品的KBr圆片放入样品池进行测试。

目前,红外分析主要使用傅里叶变换红外光谱仪(FTIR)。FTIR的红外光谱采集很快,仅需几秒钟。FTIR的另一个优点在于其仅需很少量的样品即能获得质量良好的谱图。

10.3.3　核磁共振谱

在分子中,每一个自旋的质子就是一个小磁铁。因此,含有H^1和F^{13}原子的分子具有固有磁矩,可与外磁场发生相互作用,引起核自旋能级的变化。若将含有一个或多个氢原子的分子放置于磁场中,质子的磁矩在磁场作用下排列成直线。对于质子来说,量子理论允许其具有两个不同的自旋方向,且自旋方向不同的质子能量不同。不同自旋方向的能量差与外磁场的强度成正比。在实验中,通过调整能级大小,60兆周(相当于电磁波的频率)的电磁波可引发核自旋能级的跃迁。

对于分子来说,其中的氢原子的局部化学环境会对核自旋能级的能级差有稍许影响,相应的会对其所吸收的电磁波的频率产生影响,这一特点决定了核磁共振谱的用途。例如,在乙醇分子($CH_3—CH_2—OH$)中,CH_3、CH_2和OH中的氢原子化学环境不同,因此它们的吸收峰位置(化学位移)不同。通过对化学位移的测试可以准确地获得 H 原子种类(例如 C—H、O—H 和 N—H 等)及其数量信息,可以帮助科研人员揭示给定化合物的分子结构。

在含能材料的合成和分析中,核磁共振谱(NMR)是重要的结构解析工具。图 10.2 给出了 CL－20 的 NMR 谱图。

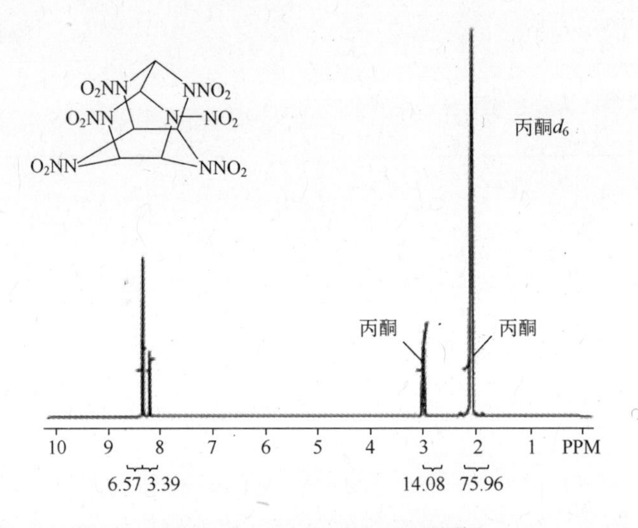

图 10.2　CL－20 的 NMR 图谱

10.4　含能材料的热分析

含能材料的热分析是评价其性能和在多个领域适用性的重要方法。现有的热分析技术可在程序控制下加热少量的含能材料,并记录材料在温度方面的响应。

热分析技术可增进研究人员对材料的热稳定性、储存期限、相容性、安全性能、相变温度、热容、熔化温度、结晶动力学性能、危险性评价、热历时效应、质量控制、脱水、脱水动力学性能、相变潜热、相变和玻璃化转变等方面的认识。主要的热分析技术包括以下几种:

(1) 差热分析(DTA);

(2) 差示扫描量热法(DSC);

(3) 热重分析;

(4) 同步热分析。

10.4.1　差热分析

差热分析(DTA)是最简易的热分析技术。DTA 技术的工作原理:使用相同的控温程序加热/冷却样品(例如 NH_4ClO_4,AP)和惰性的参比物质相比(最常用的参比物质为氧化铝)，并记录样品和参比物质的温度差(ΔT)。实验时，将几毫克的样品及参比物质分别放入一个铂坩埚，测温热电偶为 Pt 或 Pt/Rh 热电偶，并与坩埚接触良好。样品、参比物质、坩埚和热电偶都置于加热炉内，加热炉以一定的加热速率(例如 10℃/min)加热样品。实验所得结果以温度或时间(加热速率为固定值，温度与时间关系固定)为横轴，样品和参比物质间的温度差为纵轴。

如果样品没有发生任何变化(包括化学反应和物理转变，例如熔化、相变等伴随着热效应的过程)，则样品与参比物质间的温度差 ΔT 为 0。如果样品在实验过程中经历了一个吸热过程(例如熔化等)，则样品温度将低于参比物质的温度，ΔT 相应为负值。相反，若样品在实验过程中发生了放热变化(例如氧化等)，则样品温度将高于参比物质的温度，ΔT 相应为正值。图 10.3 为 AP 的 DTA 曲线，下面列出了对曲线的解析结果(结合了其他的实验结果)。

(1) ΔT 为负值，吸热反应(240℃)，为 AP 的斜方 - 立方相变；

(2) ΔT 为正值，放热反应(290℃)，AP 的第一步分解反应；

(3) ΔT 为正值，放热反应(360℃)，AP 完全分解并导致其燃烧。

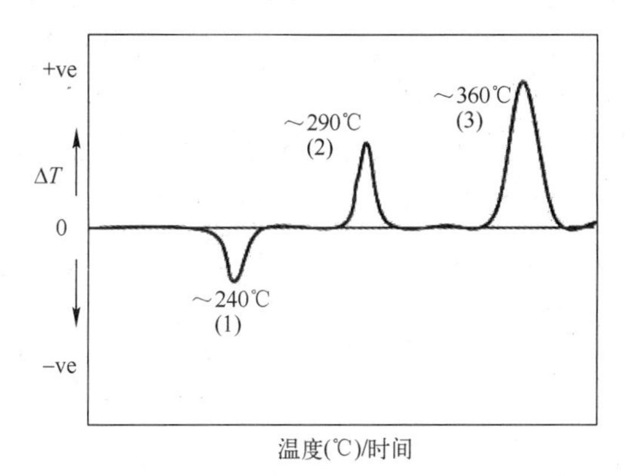

图 10.3　高氯酸铵(AP)的 DTA 曲线

10.4.2　差示扫描量热法

差示扫描量热法(DSC)是目前最重要的热分析技术。DSC 技术的工作原理如下：使用相同的控温程序加热/冷却已知质量的样品和参比物质，并记录控温程序对样品和参比物质输入的能量差值，该能量差值为温度的函数。与 DTA 技术相比，DSC 更为定量、测试更加精确且测试速度更快。在 DSC 测试中，样品和参比物质的温度是相同的。若样品经历放热过程(即样品比参比更“热”)，则仪器将给予参比物质更多的能量以保持二者的温度相同。相反，若样品发生了吸热反应，则仪器将向样品提供额外的能量以保持二者的温度相同。DSC 测试结果以热流量对温度作图。图 10.4 为 ADN 和 CL - 20 的 DSC 曲线。ADN 的 DSC 曲线显示，加热过程中 ADN 经历了两个吸热过程和一个放热过程。第一个吸热峰(92℃)对应 ADN 的熔化;第二个热信号对应 ADN 的放热分解(峰值位于 184℃,反应过程在 150 ~ 250℃),该分解过程生成了多种产物(主要为硝酸铵)。第三个过程也伴随着吸热效应(峰值位于 264℃),为形成的硝酸铵发生升华。

CL-20 具有多种晶型,包括 α、β、δ、ε 和 γ 等晶型,其中 ε 晶型在室温下比其他晶型都稳定。ε 晶型 CL-20 的 DSC 曲线上有一个较小的吸热峰和一个较强的放热峰,如图 10.4(b)所示。ε 晶型 CL-20 受热在 165℃转变为 γ 晶型,该相变为吸热过程。继续受热时,CL-20 分解生成多种产物并放出大量的热,该分解过程的起始温度为 220℃,峰值温度为 252℃。

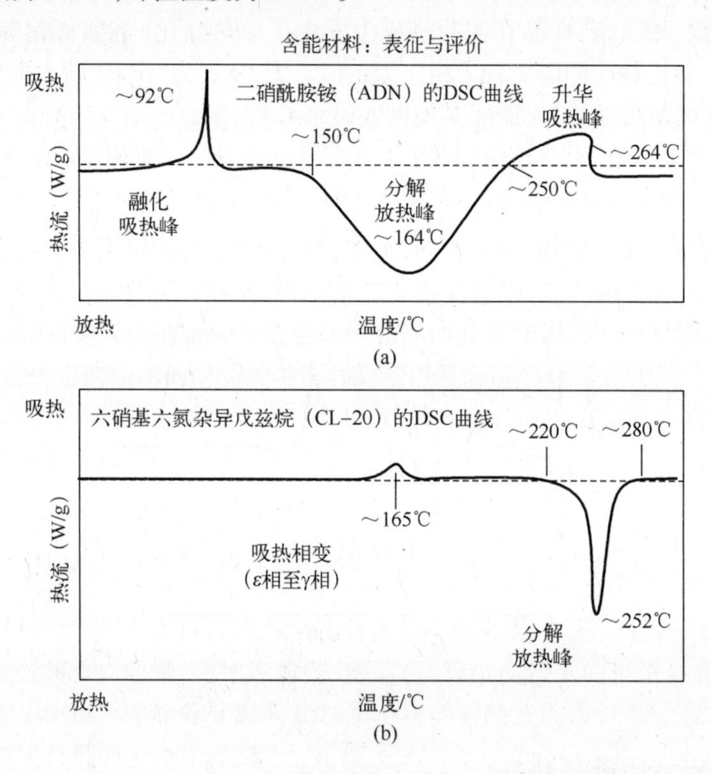

图 10.4 (a) AND 的 DSC 曲线;(b) CL-20 的 DSC 曲线

含能材料研究人员可用 DSC 技术研究配方中各组分的相容性,其原理为:若某组分与配方具有良好的相容性,则向配方中加入该组分后,配方的分解温度降低应小于 5℃。具体的实验方案如下:比较原始配方和按要求添加某组分所得配方的 DSC 曲线。例如,向 NC 中加入 5% 的增塑剂 A 或增塑剂 B(即 95% NC + 5% 增塑剂)。如图 10.5 所示,DSC 测试显示,增塑剂 A 与 NC 相容,而增塑剂 B 与 NC 不相容。

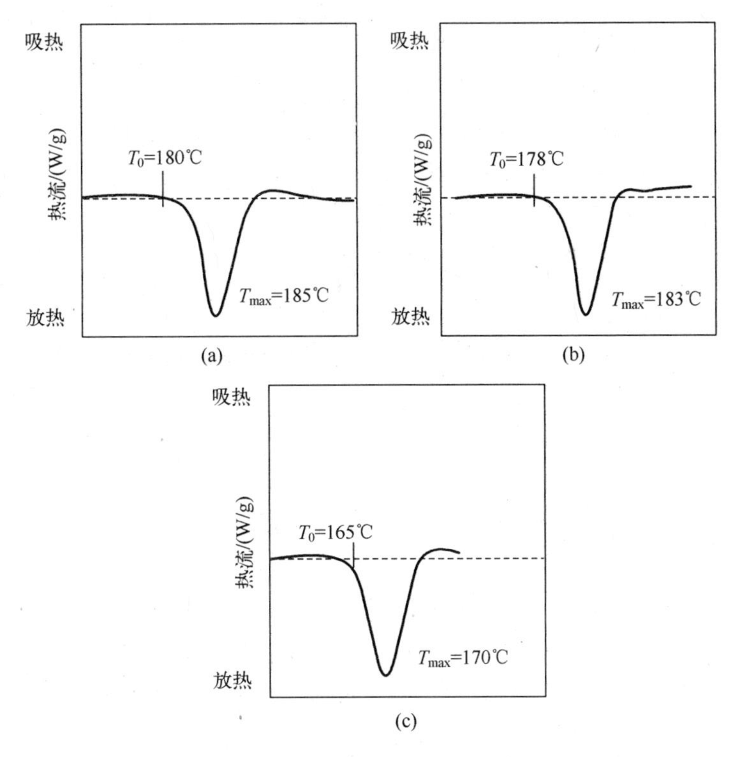

图 10.5　(a)NC 的 DSC 曲线;(b)NC + 增塑剂 A(95:5)的 DSC 曲线;
(c)NC + 增塑剂 B(95:5)的 DSC 曲线

10.4.3　热重分析

热重分析中,对一定量的样品进行程序控温加热,记录该过程中样品质量的变化情况并对温度作图。设样品的原始质量为 100%,并按百分比记录实验过程中样品的失重。当爆炸物受热时,其可因失水、挥发或分解等原因失重。需要指出的是,也有些物质可能与测试气氛反应,从而导致其质量的增加。在热重分析结果中,一般以样品的失重为 y 轴,而温度或时间则为 x 轴。热重分析也可用于表征爆炸物的稳定性。

图 10.6 为 DNAN 和 MTNI 的 TGA 曲线。在 97 ~ 225℃范围内,DNAN 表现出一步失重反应,质量损失为 97%。MTNI 的失重则分两步进行。在第一步反应中,MTNI 的质量损失为 87.55%,相应反应温度范围为 105 ~ 235℃。MTNI 在第二步反应内质量损失 10.5%,温度范围则为 235 ~ 320℃。除可用于分析含能材料热稳定性外,TGA 与 GC/MS 等技术相结合还可用于研究含能材料的分解机理。

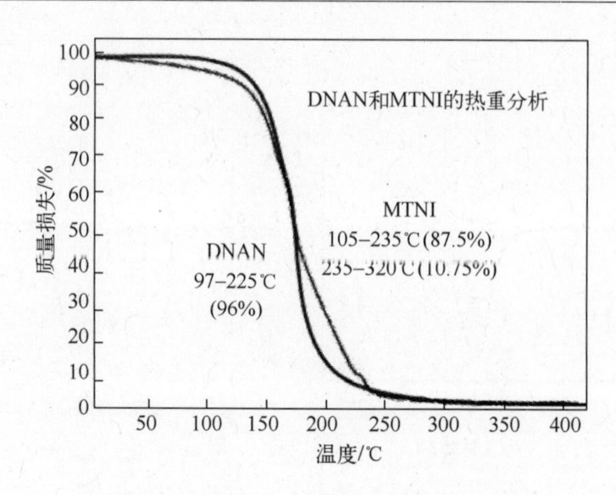

图 10.6　DNAN 和 MTNI 的热重曲线

10.4.4　同步热分析

同步热分析(STA)指对样品进行程序控温加热,同时用两种不同的技术(例如 DSC 和 TGA 或 DTA 和 TGA 等)记录样品的变化过程。用 TGA 和 DSC 或 DTA 对样品进行同步热分析,可以对其分解/氧化进行更加深入的表征。

10.5　含能材料的安全性测试

含能材料的安全性指其对撞击、摩擦、冲击波和静电火花等外界刺激的响应。这是因为,含能材料在其合成、加工、运输和储存过程中,可能碰到上述外界刺激,为了确保安全,需要充分测试含能材料对上述刺激的响应情况。含能材料对刺激的感度与其性质和刺激类别密切相关,在测试材料的感度时,应选取一种参比物质,所得到的为相对感度。例如,对于混合炸药的爆炸,选择 2,4,6 - 三硝基苯甲酸胺作为参比物质,其撞击感度为 70;以其为参照,可以获得其他炸药的感度。下面将简要介绍在含能材料领域最常用的几种感度指标。

1. 撞击感度

撞击感度是指使用质量为 2kg 的落锤从一定高度下落撞击固定在铁砧上的含能材料,其承受突然的冲击而不发生分解或是爆炸的能力。实验记录落锤下落的高度,并利用布鲁斯顿梯级法对其进行分析。此方法测量发生 50% 爆炸的落高(即样品发生爆炸概率为 50% 时的落高)并将其与相同实验条件下参比物质的落高(例如 CE 的落高为 70)比较,并计算出材料的不敏感度(*F* of *I*)。样品的此落高称为特性落高。

$$\text{不敏感度} = \frac{\text{样品的特性落高}}{\text{参比物质的特性落高}} \times \text{参比物质的不敏感度}$$

例如,若一种高能炸药和 CE 的特征落高分别为 60cm 和 80cm,则该炸药的不

敏感度为

$$不敏感度 = \frac{60}{80} \times 70 = 52.5$$

2. 摩擦感度

摩擦感度指用于衡量含能材料对摩擦相对运动的感度指标。含能材料摩擦感度的测量方法如下:将待测材料放置于一定位置,然后通过加载臂对材料施加一定大小的负载,使其进行一定的摩擦运动。起爆药的摩擦感度测试所用的负载大小为 10 ~ 1000g,其他炸药所用的负载则为 0.5 ~ 36kg。能观察到冒烟、燃烧或爆炸等现象时的最小负载即为材料的摩擦感度。

3. 静电火花感度

将两种不同的材料(其中一种为绝缘体)反复地接触和分开,将导致电荷的聚集,位于其周围的低电位材料可使其放电。因此,测定含能材料的静电火花感度对于认识其安全性能很重要。静电火花感度对于设计降低混合、筛选、处理、储存等操作过程中静电危害的手段具有重要的意义。静电火花感度的测定方法如下:按照从低到高的顺序,将已知质量的材料暴露在不同放电能量的环境中,直到材料被点燃,即可得到材料的静电火花感度。

推荐阅读

[1] J. Yinon, S. Zitrin, Modern Methods and Applications in Analysis of Explosives, John Wiley and Sons, 1996.

[2] U. Teipel, Energetic Materials Incorporation of Particular Components with Specialised Properties Allows One to Tailor the End Product's Properties, Wiley-VCH Verlag GmbH, 2004.

[3] W. Kemp, Organic Spectroscopy, second ed., Macmillan, 1987.

[4] J.H. Michael, Modern Spectroscopy, fourth ed., Wiley, 2004.

[5] J.P. Agrawal, R.D. Hodgson, Organic Chemistry of Explosives, first ed., Wiley, 2007.

[6] J. Akhavan, The Chemistry of Explosives, third ed., Royal Society of Chemistry, 2011.

思考题

1. 含能材料表征和评价的区别是什么?请举例说明。
2. 色谱的基本原理是什么?
3. 为什么 HPLC 在含能材料的分离和分析中受到欢迎?
4. 为什么多种含能材料分子在紫外光谱范围内有活性?
5. 为什么能在乙醇的 NMR 图谱中观察到三个不同的峰?
6. 为什么热分析技术对于含能材料领域的研究很重要?
7. DTA 与 DSC 间的主要区别是什么?
8. TGA 技术在含能材料领域研究中的作用是什么?
9. 含能材料的感度分为哪几种?如何测定它们?

第十一章 含能材料的发展趋势和面临的挑战

11.1 引言

从黑火药和烟花到今天的八硝基立方烷(ONC)或 CL－20 等笼型硝胺化合物等高能炸药,人类一直在寻求更多、更可控地释放出含能材料中能量的方法。飞速发展的科技带来了很多机遇,也带来了不少挑战。目前,此领域的发展比以前更加依赖于快速和及时地获取信息。本章简要论述了含能材料领域的发展趋势和面临的挑战。

11.2 起爆药

1. 目前存在的问题

雷酸汞和叠氮化铅是最重要的起爆药,已经在军用和民用领域获得了大量的应用。在过去 70 年里,它们都是最重要的起爆药。尽管它们的性能不错,但是也有其缺陷,例如容易水解,与铜或其合金(常用作起爆药的容器)不相容,摩擦感度高等。全世界现在都在研究和开发不敏感度大于 20 的新型起爆药。其与铜及其合金相容,含有此类起爆药的武器装备在储存、运输或是处理过程中不易发生意外爆炸。

2. 解决方案

考虑到非铅配位化合物的环境友好特性,其是属于未来的起爆药。此类化合物的另一个优点是其中的氧化性和还原性组分的比例接近 1。此类化合物已经存在了一段时间,但最近研究人员才发现其在起爆药中的应用潜力。现有的两种重要含能配位化合物为硝酸三肼合镍(NHN)和高氯酸·四氨·双(5－硝基四唑)合钴(Ⅲ)(BNCP)。除此以外,当前的研究主要集中于不含 Co、Ni 等有害金属离子和 ClO_4^{-1}、NO_3^{-1}等有害阴离子的含能配位化合物。

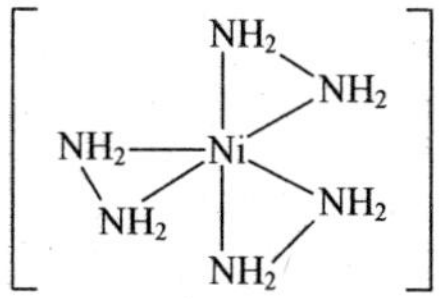

NHN

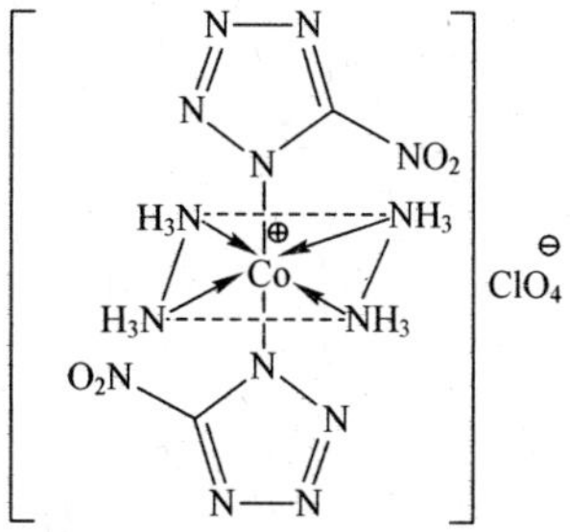

NHN　　BNCP

11.3　高能炸药

对于任意的武器系统来说,高能炸药均是其主要组分。目前,适用于战斗部的高能炸药种类是非常有限的。研究人员都在寻找性能优于现有炸药的新型材料。也就是说,从事高能炸药研究的科研工作者一直在寻找性能优于 HMX 的新型炸药。

下面列出了三种重要的高能炸药类别。

(1) 高密度、高爆速(VOD)炸药。其高爆速和相应的高爆压使其具有很高的能量水平;另一方面,其高密度使其也具有高能量密度。上述两个特征能赋予未来的弹药以巨大的杀伤力。

(2) 不敏感炸药(也称低易损炸药)。此类炸药可改善弹药储存和运输过程中的安全性以及避免战争中敌方炮火等引起的意外起爆。在不少情况下,可以稍微牺牲炸药的能量水平来提高其安全性,以避免意外事故的发生。

(3) 热稳定炸药(有时也称为耐热炸药)。当高温环境对炸药性能有负面影响乃至可能导致炸药起爆的情况下,热稳定炸药可以扮演重要的角色。例如,超声速导弹飞行时,其战斗部因与空气摩擦生热,使得炸药处于高温环境中,对热稳定炸药有需求。此外,油井勘探对于耐热炸药也有需求。与不敏感炸药类似,提高炸药的热稳定性也是以牺牲其能量水平为代价的。可以预料的是,炸药不可能同时具有高能量、不敏感和高热稳定性。例如,将芳香族多硝基化合物中的一个或多个—NO_2基团替换为—NH_2基团可以在一定程度上提高其热稳定性。这是因为—NH_2和—NO_2间形成的分子内和分子间氢键使炸药分子间形成网络,从而提高了热稳定性。然而,用不含能的—NH_2基团替代一个或多个含能—NO_2基团使炸药的能量降低。选择上述三种炸药中的哪一种取决于弹药的类型。

11.3.1　高密度、高爆速炸药

炸药研究人员的目标是合成能量水平高(爆速高)和高密度的炸药。为实现这一目标,研究人员面临着严峻的挑战。他们必须构思出含有—NO_2和 N—NO_2等

含能官能团的非芳香性、环状的笼型化合物。然而,构思只是合成的第一步。若最终获得了目标产物,他们还须通过多种经验和量子力学方法计算化合物的爆速和密度,以掌握其能量性能。即使研究人员最开始构思了 100 个分子,他们最终可能只能获得少数几种产物,甚至什么都得不到。这是因为,大部分的候选化合物因成本高以及感度过高或是终产物、中间产物不稳定而导致其安全性较差而被排除。

假如有一种新型炸药,其性能稍稍优于 HMX,但成本比 HMX 高 100 倍,那么其在弹药中没有实用价值。若该炸药对于机械冲击很敏感或热稳定性很差,那么它也没有实用价值。这正是几十年才能出现一种有前景的新型高能炸药的主要原因。1899 年,研究人员首次合成了 RDX。HMX 是 RDX 的同系物,其能量更高;在 RDX 合成 44 年之后,即 1943 年,才有人成功获得了 HMX。

在同类化合物中,仅有两种性能优于 HMX 的高能炸药,即六硝基六氮杂异伍兹烷和 ONC。其中,六硝基六氮杂异伍兹烷也称为“中国湖” -20(CL-20)。目前仅有少数几个国家掌握了 CL-20 的合成和制造技术。CL-20 的成本远高于 HMX,这是因为其合成中的若干步骤需要使用非常昂贵的催化剂。此外,其撞击和摩擦感度比 RDX 和 HMX 的高(表 11.1)。若不考虑成本和感度问题,则 CL-20 在现代战斗部和低特征信号推进剂(因 CL-20 的氧平衡优于 RDX 和 HMX)中有很大的应用潜力。

ONC 是此类化合物中另一种有趣的候选材料(表 11.1)。1999 年,研究人员通过多步反应合成了 ONC。然而,由于其合成较为困难,此后未见到相关报道。因此,研发工作应侧重于发展便捷、可行的 ONC 制备方法。

表 11.1 RDX、HMX、CL-20 和 ONC 的对比

参　数	RDX	HMX	CL-20	ONC
分子结构	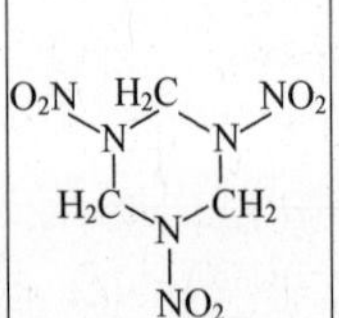	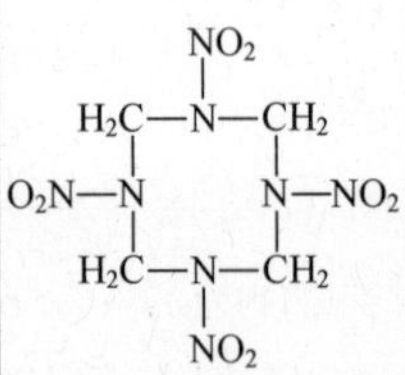	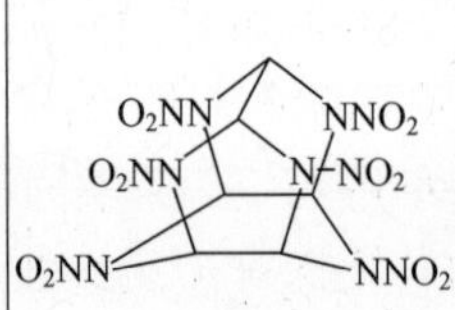	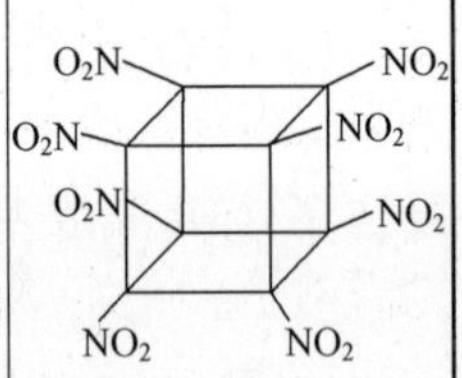
首次合成年份	1899	1943	1987	1999
密度/(g/cm^3)	1.81	1.91	2.04	2.1
氧平衡/%	-21.6	-21.6	-11	0
爆速/(m/s)	8800	9100	9400	9800
撞击感度($h_{50\%}$)/cm	46	38	24	未有报道
摩擦感度	16	14	8	未有报道

现代武器装备对于热稳定好、机械感度低而且性能更好的炸药有强烈的需求。在通常的使用条件下,使用传统炸药的弹药是安全的,而且可有效地满足军事需

求。然而,当其碰到敌方炮火等意外情况时,会发生意外爆炸。通常来说,高能炸药、发射药和推进剂对热、机械冲击、火焰和子弹或弹片的撞击敏感,这会导致弹药的剧烈爆炸,人员和物资也在战场上遭受巨大损失。

11.3.2　不敏感高能炸药

为避免武器装备受到附带损毁,人们提出了“钝感弹药”(IM)这一概念。钝感弹药是指性能保持不变,但其意外起爆不会导致严重后果的弹药。钝感弹药的设计理念是使其不易发生意外起爆,而且即使其意外起爆了,也不会导致爆炸或是大火。

在过去的20年间,硝基三唑化合物的合成及其在不敏感炸药中应用获得了广泛关注。其中,3-硝基-1,2,4-三唑-5酮(NTO)是研究最为深入的材料。目前,多个小组都在研究NTO作为钝感弹药的主装药在战斗部中的应用。NTO可用于浇注固化炸药、压装炸药和薄片炸药的配方中。

FOX-7(1,1-二氨基-2,2-二硝基乙烯)也是一种很有潜力的不敏感含能材料。近年来,另一种类型的RDX,即低感RDX(RSRDX,也称为不敏感RDX),受到了研究人员的关注。隔板实验证实,含低感RDX的浇注塑料黏结炸药的冲击波感度更低。RSRDX的密度更高、晶体缺陷更少、颗粒表面光滑,上述特点使其机械感度更低。此外,上述特点还使其在冲击起爆时损伤更小。RSRDX是具有战略意义的含能材料,因此公开文献中并没有其制备方法的报道。表11.2列出了一些不敏感炸药的性能参数,并与耐热炸药进行了对比。

表11.2　钝感和热稳定炸药的性能对比

名称	分子结构	氧平衡/%	密度/(g/cm³)	爆速/(m/s)	撞击感度($h_{50\%}$)/cm	摩擦感度/kg
不敏感高能炸药						
NTO	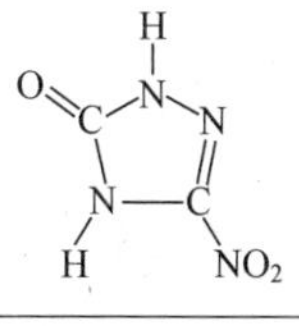	-24.6	1.93	8564	93	>36
FOX-7	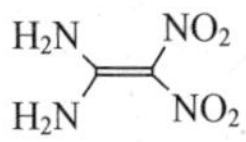	-21.61	1.88	9090	126	>36
耐热炸药						
TATB	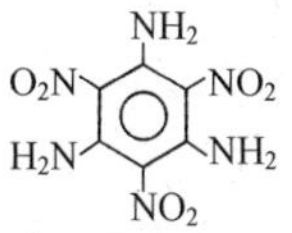 TATB 分解峰值温度:376℃	-55.78	1.94	8108	>177	>36

（续）

名称	分子结构	氧平衡/%	密度/(g/cm³)	爆速/(m/s)	撞击感度($h_{50\%}$)/cm	摩擦感度/kg
LLM－105	O_2N, NO_2, H_2N, NH_2, N, N, O 分解温度:342℃	－37	1.91	8560	117	>36
TACOT	O_2N, NO_2, NO_2, NO_2, N, N, N, N 分解峰值温度:403℃	－74	1.82	7060	68	>36

1. TNT 适用于钝感弹药吗？

三硝基甲苯(TNT)是一种著名的炸药，从第一次世界大战开始，TNT 就广泛用于各种熔铸炸药及相关的弹药中。TNT 的优点在于其熔点为 81℃，可以单独浇注，也可以与 RDX、铝和高氯酸铵等组分混合浇注成各种不同的形状。TNT 的威力不高，但其上述优点使其在兵器行业仍有广泛应用。然而，TNT 以及 TNT 基的弹药会对制造工人的健康造成长期的影响。含有 TNT 的炸药配方在储存过程中还存在渗出现象。此外，在配方的熔化－浇注过程中，TNT 存在一系列问题，包括凝固时伴随着较大的体积变化、过冷现象的存在、晶粒的不可逆生长和感度不可预知等。

TNT 在现代弹药中应用的主要问题在于：如果发生由敌方炮火等导致的意外起爆时，TNT 会剧烈爆炸。研究人员曾尝试使 TNT 变得更加安全，但努力以失败告终。同样，TNT 基的弹药也不满足钝感弹药的要求。

2,4－二硝基茴香醚(DNAN)是一种很有潜力的含能材料，可用于替代熔注炸药中的 TNT。DNAN 的熔点为 94℃。含有 RDX、Al 和高氯酸铵等的 DNAN 基炸药能满足钝感弹药的要求，这已在国际上获得共识。然而，DNAN 的威力不如 TNT。因此，学术界研发出了熔点为 82℃的 N－甲基－2,4,5－三硝基咪唑(MTNI)。MTNI 的热稳定性较好，撞击感度也较低(50～70cm)，而且其爆炸性能也优于 DNAN 和 TNT。目前，MTNI 的缺点在于其制备的产率较低。

在过去十年里，学术界获得的另一种高性能熔注炸药是 1,3,3－三硝基氮杂环丁烷(TNAZ)，该物质属于硝胺化合物，熔点较高(102℃)。然而，该化合物也有一些缺点。例如，TNAZ 的合成为多步反应，较为繁杂；而且该化合物容易挥发、成本非常高以及对生产员工的健康有影响等。因此，TNAZ 基弹药的研发并没有受到太多重视。表 11.3 列出了一些重要的熔注炸药组分候选者。

表 11.3　潜在的熔注炸药及其性能参数

参　数	TNT	DNAN	MTNI	TNAZ
分子结构	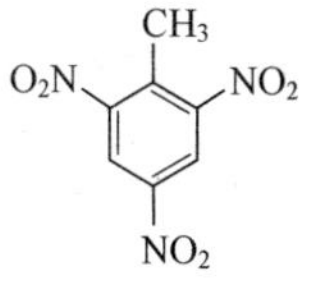 CH_3 O_2N NO_2 NO_2	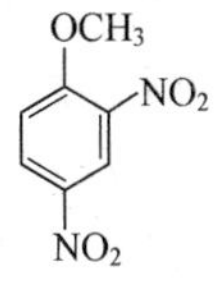 OCH_3 NO_2 NO_2	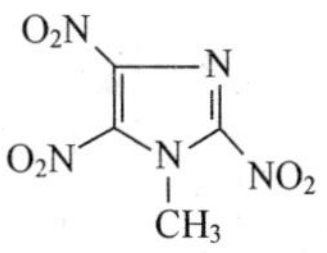 O_2N N O_2N N NO_2 CH_3	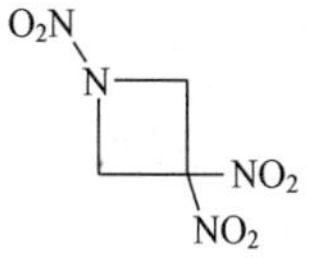 O_2N N NO_2 NO_2
熔点/℃	80.8	94	82	102
密度/(g/cm³)	1.65	1.55	1.76	1.84
氧平衡/%	-74	-97	-25	-16.6
爆速/(m/s)	6900	6800	8000	9000
感度				
撞击感度 ($h_{50\%}$)/cm	>170	>170	62	45-47
摩擦感度/kg	>36	>36	>36	>36

2. 耐热炸药

用于现代武器弹头的炸药要求在不同环境下正常工作。改善炸药的热稳定性有助于提高弹药的服役期限。此外，炸药的耐热性有助于改善其在意外起爆时的易损性。空间探索、原油勘探和超声速战机用弹药等领域都对耐热炸药有需求。表 11.2 列出了一些较有潜力的耐热炸药和不敏感炸药。

11.4　火药

11.4.1　环境友好型氧化剂

现代战争要求火箭推进剂兼具高性能和低特征信号。含高氯酸铵(AP)的推进剂最大缺点在于：其燃烧时会生成氯化氢(HCl)，从而产生明显的特征信号并污染环境。AP 的另一个缺点是其会影响生产制造人员甲状腺的正常功能。因此，世界各国都在环境友好、低特征信号的氧化剂研发方面投入了大量资金，以替代 AP。

二硝酰胺铵(ADN)是一种替代 AP 的候选氧化物。ADN 是一种无机氧化物，由苏联科学家在 20 世纪 70 年代末期首次合成。由于 ADN 具有重要的意义，其制备方法曾处在高度保密中。ADN 基推进剂的比冲很高，同时燃烧后不会产生 HCl 那样的二次烟。ADN 的主要用途是替代常用的氧化剂 AP。目前，文献中已报道了 ADN 的不同合成方法。ADN 的主要缺点在于对水非常敏感，很容易吸水并快速分解。ADN 的稳定化技术是其应用的关键，现有的主要途径包括球形化和包覆。

硝仿肼(HNF)也是环境友好的含能材料，可用作固体推进剂的氧化剂。HNF 的缺点在于其对机械刺激，特别是摩擦很敏感。这是因为 HNF 为针状晶体。因此,不可将 HNF 直接用在推进剂配方中。为解决这个问题,需对 HNF 进行降感处理,降感处理过的 HNF 才可用在推进剂中。要实现 HNF 的降感,需应用多种方法进行尝试,包括在结晶时引入其他成分以调节其形貌。若 HNF 的感度问题得以解决,可用 HNF 替代 AP,从而获得高能、低特征信号的绿色推进剂。尽管替代 AP 的新型氧化剂研发已经取得了很大的进展,但考虑到 AP 的氧平衡优异、易大规模制备和低成本,要实现它们对 AP 的替代还有较长的路要走。表 11.4 中将 AP、ADN 和 HNF 进行了对比。

表 11.4　不同氧化剂的性能对比

参　数	AP	ADN	HNF
分子结构	NH_4ClO_4	$[NH_4]^+[N(NO_2)_2]^-$	$O_2N-C(NO_2)_2-H^+N_2H_4$
熔点/℃	452	92 - 93	115
密度/(g/cm^3)	1.9	1.8	1.9
氧平衡/%	34	26	13

11.4.2　金属燃料

金属粉末在复合推进剂中扮演燃料的角色。大部分的现代复合固体推进剂都含有铝等细金属粉末。金属粉末燃烧能释放出大量的能量,可通过提高燃烧温度来提高推进剂的比冲。

铝具有能量输出高、容易获得、燃烧产物无毒(主要为氧化铝)和低成本等优点,在过去的数十年间,铝都是一种重要的固体推进剂金属燃料。在金属燃料领域,研究主要集中于用能量更高、密度更高的金属替代铝以改善推进剂的性能。然而,替代铝的金属燃料也有其缺点,包括产物有毒、燃烧不稳定和成本高等。例如,硼可用于替代铝,但硼存在难以点燃和燃烧的问题。铍的能量比铝高,但其燃烧产物有剧毒,这限制了其应用。

从密度和能量两方面看,锆都具有不错的性能。然而,锆容易发生自燃(在空气中易燃)。此外,某些金属氢化物具有很高的能量,可用作先进推进剂配方中的燃料。其中,氢化铝锂有毒,而且在空气中可能自燃并剧烈燃烧,这意味着涉及它的操作有一定危险性。氢化铝锂是高能燃料,但与水、醇、氨水等不相容。此外,毒性和对机械冲击等的高感度使得氢化镁和硼氢化锂也不适合用作推进剂中的金属燃料。与氧化剂中的 AP 情况类似,要使用新型金属燃料替代铝在推进剂中大规模应用还需要很长时间。

11.4.3　含能黏合剂

固体推进剂的黏合剂一般为交联型聚合物(也称为预聚物),其与增塑剂一起将氧化剂、燃料和添加剂等固态组分粘结到一起,同时提高推进剂的力学性能。在过去几十年间,火箭推进剂的黏合剂(也作为推进剂中的非金属燃料)主要为聚丁二烯等碳氢化合物。端羧基聚丁二烯(CTPB)和端羟基聚丁二烯(HTPB)是两种主要的黏合剂。尽管丁二烯链—(CH_2 —CH ═CH—CH_2)—在聚合过程会放出大量的热,但研究人员一直致力于向聚丁二烯的骨架上引入—NO_2、—NO_3和—N_3等含能基团(有时也作为骨架上的悬挂基团),以提高推进剂燃烧释放的能量。然而,向聚丁二烯的骨架上引入含能基团增大了黏合剂的黏度,从而对推进剂的制造过程造成了不利的影响。

某些含有—N_3和—NO_3等含能基团的候选聚合物基于氧化聚乙烯骨架

$$HO—(CHR—CH_2—O)_n—H$$

例如聚叠氮缩水甘油醚(GAP)和聚缩水甘油醚硝酸酯(PGN)等,或是氧化聚丙烯骨架

$$HO—(CH_2—CR_2—CH_2—O)_n—H$$

例如聚-3,3-双(叠氮甲基)氧丁烷 PolyBAMO 和聚 3-硝酰氧甲醛-3-甲基氧丁烷(PolyNIMMO)等。表 11.5 给出了它们的分子结构。

上述含能黏合剂(黏度很高)与聚四氢呋喃(HO—(CH_2—CH_2—CH_2—CH_2—O—)$_n$—H)等非含能黏合剂(黏度低)常混合使用以改善推进剂的加工性能。表 11.5 比较了一些含能黏合剂的性能。

表 11.5 某些含能黏合剂的物理化学性能

聚合物	结　构	密度/(g/cm³)	氧平衡/%	玻璃化温度/℃
HTPB	$HO-(CH_2-CH{=}CH-CH_2)_n-OH$	0.92	-324	-65
GAP	$HO-(CH(CH_2N_3)-CH_2-O)_n-H$	1.3	-121	-50
PGN	$HO-(CH(CH_2ONO_2)-CH_2-O)_n-H$	1.39	-61	-35
PolyBAMO	$HO-(CH_2-C(CH_2N_3)_2-CH_2-O)_n-H$	1.3	-124	-39
PolyNIMMO	$HO-(CH_2-C(CH_2ONO_2)(CH_3)-CH_2-O)_n-H$	1.26	-114	-25

11.4.4 热塑性弹性体

上文所讨论的聚合物是利用固化剂而化学交联在一起的,因此,它们均有一定的刚性。它们属于热固性聚合物,不能进行再加工。如需要对推进剂进行再

加工或废弃处理,应使用热塑性弹性体(TPE)。TPE中含有大分子,每个大分子都包含"硬"(非弹性的)部分(例如芳香环等)和"软"(弹性的)部分(例如聚丁二烯等)。物理交联可以赋予聚合物以物理或结构完整性,而该完整性在熔点附近会消失(类似解开复杂的绳结)。若温度降低,则完整性会重现。利用TPE的热塑性和弹性特点,可以使用挤出法制造推进剂。类似地,也可以用挤出法制造发射药。TPE基弹药的主要优点是其很容易处置(即此类弹药可以通过简单的加热而实现报废处理)。

11.4.5 含能增塑剂

增塑剂是在加工过程中加入到聚合物中的小分子液体。增塑剂分子穿过聚合物长链间的间隙,并通过较弱的物理键合与链相连,从而减弱了聚合物中链间的作用力。这起到了"润滑"作用,使得聚合物链可以滑动。因此,增塑剂使得最终的聚合物有一定的弹性。此外,在生产过程中,增塑剂的加入降低了混合物的黏度,改善了加工性能。推进剂中用的许多增塑剂都是不含能的,包括邻苯二甲酸酯和脂肪酸酯。硝化甘油(NG)是一种著名的含能增塑剂,主要用于双基推进剂。NG含有—ONO_2含能基团,对硝化棉来说是一种非常优秀的增塑剂。然而,NG对撞击非常敏感,这限制了其应用。

目前的研究致力于使用1,2,4-丁三醇三硝酸酯(BTTN)、三乙二醇二硝酸酯(TEGDN)、N-亚丁基-2-硝氧乙基硝胺(BuNENA)、双(二硝基丙醇)缩甲/乙醛(BDNPF/A)、低相对分子质量GAP(GAP增塑剂)以及三羟甲基乙烷三硝酸酯(TMETN)等含能硝酸酯替代不含能的增塑剂。这些增塑剂可以单独使用,也可以和其他增塑剂混合使用。表11.6比较了一些含能增塑剂的特性。

除氧化剂、燃料和黏合剂以外,目前的另一个研究重点是性能更好的燃烧调节剂和其他助剂等推进剂组分的开发。例如,为了改善推进剂组分间的混合,研究人员正致力于使用液体燃烧催化剂(例如二茂铁聚合物等)替代传统的固体催化剂(如氧化铁和亚铬酸铜等)。

表11.6 部分含能增塑剂的物理化学性能

增塑剂	分子结构	密度/(g/cm³)	氧平衡/%
NG	$H_2C—O—NO_2$ | $HC—O—NO_2$ | $H_2C—O—NO_2$	1.59	+3.5
BTTN	$CH_2—O—NO_2$ | CH_2 | $CH—O—NO_2$ | $CH_2—O—NO_2$	1.52	-16.6

（续）

增塑剂	分子结构	密度/(g/cm^3)	氧平衡/%
n - BuNENA	$O_2N-N(CH_2-CH_2-O-NO_2)(CH_2-CH_2-CH_2-CH_3)$	1.20	-104
TMETN	$CH_3-C(CH_2-O-NO_2)_3$	1.48	-34
BDNPF/A	$CH_3-C(NO_2)_2-CH_2-O-CH_2-O-CH_2-C(NO_2)_2-CH_3$ (50%) $CH_3-C(NO_2)_2-CH_2-O-CH(CH_3)-O-CH_2-C(NO_2)_2-CH_3$ (50%)	1.39	-51

11.5　多氮笼型物:含能材料的革命

含能材料研究人员有着远大的愿望。基于简单的逻辑思考和深入的量子力学计算,目标含能材料分子即未来的含能材料应具有高生成焓以及高放热量。若将其用作炸药,则可以获得高爆速(VOD)和高爆压;若将其用于推进剂中,则可获得高比冲。对比 RDX、HMX、CL-20 和 ONC,可以发现它们的密度、生成焓和爆速都是增大的。可以发现,从 RDX 到 ONC,环的张力逐渐增加。环的张力和含氮化学键对于含能材料的正生成焓及其能量性能有很大的贡献。若 RDX 到 ONC 的顺序进一步延伸,可以发现能量最高的物质是全由氮(N)构成的环状物质。例如,N_8是由 8 个氮原子组成的立方形物质。该物质的键角均为 90°;而其他含氮化合物中,氮原子与其他 3 个原子的稳定键角为 109°。N_8的键角远小于这一数值,这意味着其中存在巨大的张力,从而使得其具有很高的正生成热。对于每一位含能材料研究人员来说,N_8这样的材料都是梦寐以求的,其分解可生成 4 分子的氮气,同时可以放出大量的能量。

然而,此类物质的合成十分困难。几年前,$Mg(N_5)_2$、$N_5^+SbF_6^-$ 和 $N_5^+SbF_6^-$ 的合成激励着研究人员合成 N_8和 N_{60}这样的全氮分子。理论计算显示,N_8和 N_{60}的爆速分别为 14.9km/s 和 17.31km/s(HMX 的爆速为 9.1km/s),生成焓分别为

407kcal/mol 和 546 kcal/mol(HMX 的生成焓为 28kcal/mol)。然而,它们的合成中面临的挑战是非常巨大的。尽管文献中有少量关于 N_5^+ 等多氮化合物合成的报道,但研究人员要实现多氮化合物的成熟合成和应用还有很长、很艰难的路要走。

推荐阅读

[1] J.P. Agrawal, R.D. Hodgson, Organic Chemistry of Explosives, first ed., Wiley, 2007.
[2] J. Ledgard, The Preparatory Manual of Explosives, third ed., 2007.
[3] T.M. Klapötke, High Energy Density Materials Series: Structure and Bonding, first ed., Springer, 2007.
[4] R. Meyer, J. Kohler, Explosives, VCH Publishers, Germany, 1993 (Encyclopaedia – handy for referencing).
[5] D.H. Liebenberg, et al. (Eds.), Structure and Properties of Energetic Materials, Materials Research Society, Pennsylvania, USA, 1993.
[6] J. Akhavan, The Chemistry of Explosives, third ed., Royal Society of Chemistry, 2011.
[7] N. Kubota, Propellants and Explosives Thermochemical Aspects of Combustion, 2007.

思考题

1. 开发非铅起爆药的必要性体现在何处?
2. 起爆药应具有比较高的感度。请对上述这句话展开评述。
3. 配位化合物的含义是什么?举出两个用作起爆药的配位化合物例子。
4. 氢键是什么?为什么氢键在不敏感炸药和耐热炸药中起到了重要作用?
5. 熔注炸药的优点有哪些?
6. 请解释废弃处置的含义?
7. 为什么在引入悬挂基团后,高分子的黏度会提高?
8. 未来有可能取代 HTPB 的高分子有哪些?

第十二章　含能材料在国民生产中的应用

12.1　含能材料塑造了我们的世界

自从 140 年前 Alfred Nobel 发明黄色炸药伊始,世界已经发生了翻天覆地的变化。世界人口爆炸性的增长,对物质的需求量非常巨大。另一方面,各领域的技术也已发展到了很高的水平。人们对更好的技术和产品的追求永不停息。在科学和技术的发展史上,有一个个的里程碑,每个里程碑都改变了我们生活的方方面面。其中,含能材料发展史上的一些里程碑塑造了我们的世界。在过去的两个世纪或是更久的时间里,炸药已经在战争中造成了巨大的灾难和恐慌(炸药造成的灾难仍然偶尔发生),这是不可辩驳的。然而,同样不可辩驳的是,炸药(含能材料)将世界塑造成为它现在的样子。本章的主题是含能材料的另一面,即其在国民生产中的作用。

含能材料为地球资源的开发铺平了道路,没有科学和技术的这些进步几乎是不可能做到的。含能材料在国民生产中有很多用途,但下面几个用途是最突出的。

1. 采矿和采石

尽管煤有耗尽的一天,但是其一直满足着人类巨大的能源需求。各种金属和矿物是我们每天使用的材料和设备的重要组成部分,例如牙膏、滑石粉、药品、化妆品、彩色电视机或是电脑芯片等,它们使我们的生活更加富足,更加舒适。

2. 建筑

在过去的几十年里,世界上每一个角落里建筑物的数量都在迅速增加。目前,建筑物增加的速度仍未减弱。大型多层建筑物、道路、隧道和桥梁等的建设对许多国家的经济发展都贡献良多。

3. 油气井射孔

目前,由于担心化石燃料的枯竭,各国都投入大量人力物力发展可替代能源。然而,石油(也称为黑金),仍然是我们生存的命脉。假如石油消失一个星期,那么全世界都会陷入瘫痪之中。

不难想到,在石油的开采中,含能材料是必不可少的。在过去,人类一直以人力采掘煤、铁、铜和其他矿物。然而,代那迈特和其他民用炸药发明之后,矿物的产量提高了 100 倍。采石方面的情况类似。代那迈特和民用炸药发明之后,水泥和混凝土的产量有了很大的提高,建筑活动也有了大幅度增长。从美国内战(1776

年)到第二次世界大战结束(1945 年),没有任何工程机械的效率能超过代那迈特。爆炸工程是一个持续进步的专业领域(第四章中已论述了民用炸药的一些基本特征)。爆炸工程属于交叉学科,涉及炸药化学、爆炸学和结构工程等。

在下文,我们将介绍含能材料在一些特殊领域中的应用。

12.2 含能材料在控制爆破中的应用

设想如下场景:一幢 13 年历史的建筑物已经过了其使用年限,需要拆除。问题在于,除其他高层建筑外,附近还有一所大型医院,而且医院配备了器官移植设备。传统拆除建筑的方法需使用锤子和爆破等,这不仅需要大量的时间、人力和财力等,同时还可能造成交通混乱、产生大量噪声、灰尘和残渣等。这样拆除建筑会导致严重的污染,还可能使附近医院中的病人感染。此外,传统拆除建筑的方法需要大量起重机这样的工程机械;若在拥挤的区域进行拆除,还存在空间不足和后勤保障压力大的问题。实际上,几年以前,爱尔兰的一个医院在拆除时就碰到了上述问题。正是从那时开始,控制爆破的应用开始变得广泛。

12.2.1 外爆还是内爆

如果采用传统的爆破手段拆除旧建筑物,那么爆炸产生的冲击波以及飞散的碎铁和碎混凝土会对附近的人身和财产安全造成严重的损害。但是若使用控制爆破拆除建筑物,需要使用内向爆破,从而使建筑物坍塌其脚下。内爆可以定义为:由于外界压力或是大气压的存在,某物向内坍塌的现象。例如,假如将薄壁玻璃容器内的空气抽出,可能导致其内爆。严格地说,建筑物的控制爆破并不属于内爆;这是因为既没有将建筑物内的空气抽出,也没有将建筑物向内挤压。在控制爆破中,炸药用来削弱柱子等支撑结构的强度,之后建筑物的自重即可使其坍塌。控制爆炸产生的大量碎屑不会乱飞,而是会掉落到建筑物的地基上。

假设有一个四条腿的桌子,若将其一侧的两条腿拆除,则它将会翻倒。通过选择所拆除的两条腿,可以控制桌子的翻倒方向。大型建筑物一般有多条腿(即承重柱)。在对建筑物实施内爆的过程中,首先拆除其内部的承重柱,则建筑物的坍塌会从拆除了承重柱的位置开始。建筑物从内部开始坍塌有助于建筑物向内倒塌。

您是否还记得 9 · 11 事件中美国世贸中心的倒塌事故? 世界上最高的两座楼垂直倒塌,对周围的建筑物并没有造成明显损伤。这可能是因为大火烧毁了建筑物的支撑结构,然后大楼的自重使其倒塌。

12.2.2 控制爆破的步骤

实际的控制爆破在 60s 内即可结束。然而,在爆破开始前,需要在爆破场地进行数周的准备工作。首先,需要确定承重结构的位置,并拆除内部装修、非承重墙和管道使承重结构暴露出来。随后，在承重结构上凿出数厘米大小的孔用于安装炸药；还需在孔内安装非电的计时装置，以使各点炸药按照一定顺序起爆。此外，还需采取使爆炸产生灰尘量和震动最小化（灰尘和震动不可能完全避免）的措施。

爆破建筑附近的建筑物受爆破产生的灰尘的影响程度受到爆破时的风速和风向影响。干燥的刷墙粉和瓷砖等容易产生灰尘的材料在爆破时首先脱落。内爆的设计理念是使爆破产生的震动最小化。其他的准备工作还包括在爆炸前后一段时间内关闭附近建筑的窗户、门、排气扇和空调等。

建筑物的控制爆破拆除具有安全、成本低和快捷等优点。但是，请注意，控制爆破只能由此领域中的专家和称职的工作人员进行。

控制爆破拆除技术已经在欧洲和美国应用了多年。在印度，其应用也非常普遍。图 12.1 是 1977 年美国俄克拉荷马城的 Biltmore 宾馆控制爆破拆除的场景。请注意，建筑物的倒塌是向内进行的，即其朝着建筑物的中心坍塌。如图 12.1 的最后一张图片所示，爆破拆除之后，在建筑物的边界之外，几乎看不到有明显的建筑物碎屑存在。

图 12.1　控制爆破拆除一幢多层建筑物（该图片由美国马里兰州凤凰城的 The Loizeaux family & Controlled Demolition 公司授权）

12.3　含能材料在安全气囊中的应用

对于当今的汽车来说，安全气囊是最重要的安全设施之一。其与安全带一起，在发生撞车事故时保护驾驶员的安全。图 12.2 揭示了安全气囊是如何保护驾驶员安全的。

如图 12.2(a)所示,对于没有装备安全气囊的汽车,当发生撞车事故时,驾驶员的胸部/肋骨会直接与方向盘相撞。这样的撞击具有很大的力道(具体大小取决于撞击发生时汽车的速度),而人体(胸部/肋骨)受到撞击的面积却很小。因此,撞击时力/面积这一比值非常之大,可以瞬间杀死驾驶员。如图 12.2(b)所示,汽车配备的安全气囊安装在方向盘的中心位置。未充气的安全气囊内有含能材料,用作气体发生材料。用于安全气囊的含能材料主要是叠氮化合物(如 NaN_3)、氧化剂(如 KNO_3)和其他组分(如 SiO_2)的混合物。当发生撞击时,汽车上的撞击传感器将向气囊发送一个电信号,从而点燃引发剂(图 12.3)。引发剂随后点燃气体产生材料,在撞击后 0.05s 内即可产生大量的氮气,气囊的充气速度比驾驶员身体撞向方向盘的速度要更快。当人体与气囊相撞后,撞击的力将分配在更大的面积上,造成的损伤也就更小。在拯救驾驶员的性命之后,气囊中的气体在 1s 内即会完全释放。据估计,安全带和安全气囊可将交通事故中的死亡率降低 60% 以上。

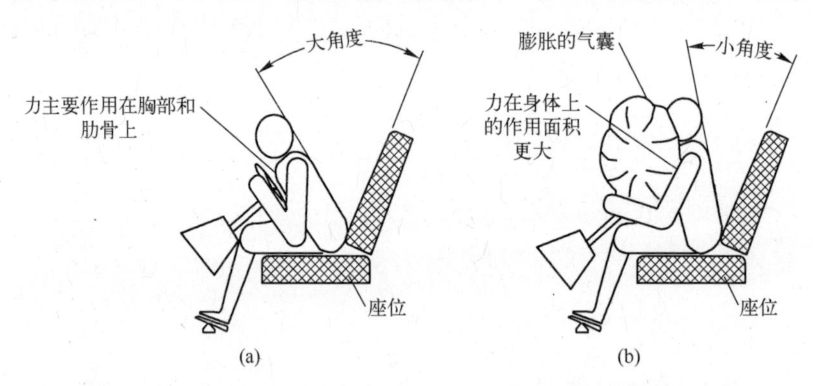

图 12.2 (a)未配备安全气囊的汽车;(b)配备了安全气囊的汽车

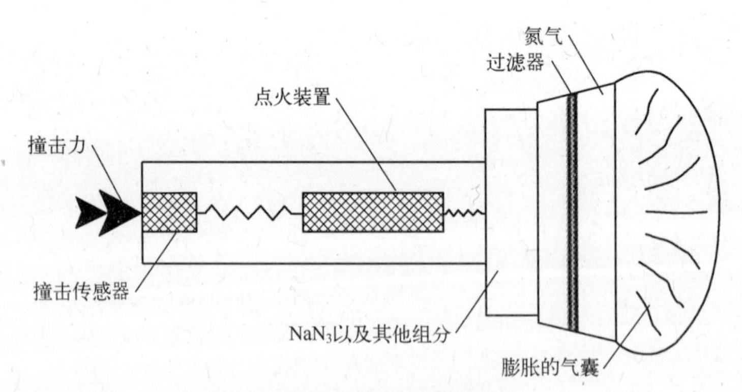

图 12.3 安全气囊结构图

安全气囊中 NaN_3 基气体产生材料的化学反应如下:

$$2NaN_3 \rightarrow 2Na + 3N_2$$

$$10Na + 2KNO_3 \rightarrow K_2O + 5Na_2O + N_2$$

$$K_2O + Na_2O + SiO_2 \rightarrow K_2Na_2SiO_4$$

NaN_3有一定的毒性,而且较为危险。目前,研究人员正致力于开发替代的气体产生材料。下面是一些潜在的气体产生材料。

BTATz　　TAGAT　　GAT

其中,BTATz 指 3,6 - 双(1 - 氢 - 1,2,3,4 - 四唑 - 5 - 氨基) - 1,2,4,5 - 四嗪;TAGAT 指三氨基偶氮四唑二胍;GAT 指偶氮四唑二胍。

12.4　含能材料在爆炸焊接中的应用

使用常规焊接方法焊接不同的金属或合金是非常困难的,有时甚至是不可能的。然而,使用爆炸焊接技术(图 12.4(a) - (c))却可以实现这一目的。假设我们要将 Ni 合金板(覆板)焊接到碳钢(基板)之上。首先清洗覆板和基板并干燥,然后将覆板以一定的角度固定。随后将一层带有起爆装置的塑性炸药覆盖在覆板表面,如图 12.4(a)所示。炸药引爆后,巨大的压力(约有数百万 psi,覆板速度可达 100 ~ 300m/s)使得覆板撞向基板,如图 12.4(b)所示。撞击时的界面压强大于材料的屈服强度,从而使材料产生了短暂的塑性变形。这使得材料之间出现了原子 - 原子级别的键合作用,两种材料从而完美地焊接到了一起,如图 12.4(c)所示。

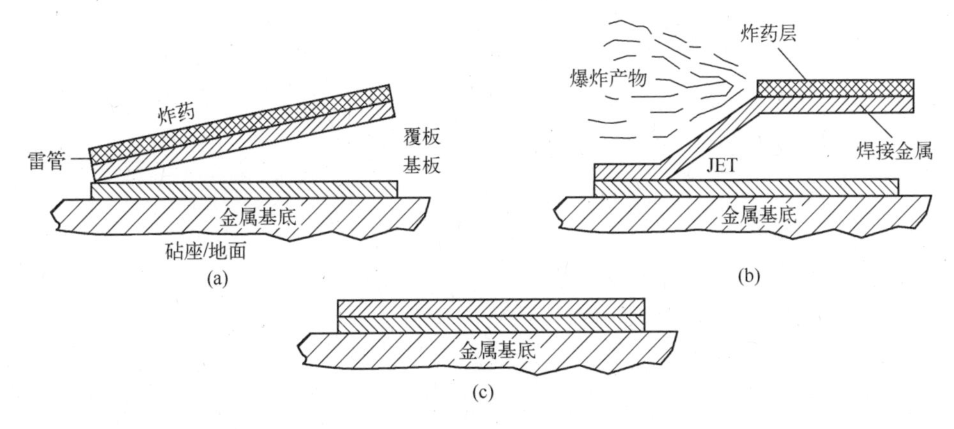

图 12.4　不同金属的爆炸焊接

(a)前期设置(图中未显示将覆板固定在一定角度的牵引装置);(b)引爆后,巨大的爆炸压力使覆板撞向基板,从而在二者间立即产生了键合作用;(c)爆炸焊接的两块金属板。

爆炸焊接的主要优点有：

(1) 可将不同的、常规不能焊接的金属焊接到一起。

(2) 可在室温下、空气中、水中或真空中进行焊接。

(3) 爆炸焊接不需要很大的空间，可在不同场所进行，而且成本较低。

然而，爆炸焊接也存在一些缺点：

(1) 用于焊接的金属或合金需具有较高的屈服强度和较好的韧性。

(2) 焊接对象的几何结构应简单，为平面、圆柱或是圆锥，以使冲击波能对称传播。

12.5 雪崩控制

雪崩指大量雪和冰从高山快速下落，常造成人和财产的重大损失。当雪的强度(即雪颗粒间的相互作用力)不足以支撑起自身质量时，所有的雪会一起滑动，引发雪崩。

雪崩控制是指在撤走受影响区域内的人、停止区域内的交通并关闭区域内的滑雪度假村等前期准备工作后，在雪崩自然发生前使用炸药有意识地引发雪崩的技术。雪崩控制专家应熟知高山安全知识和炸药安全知识，能预估雪崩发生的时间和地点，能确定所使用的炸药的种类和数量以及合适的起爆方式。

雪崩控制技术能避免雪崩发生时人员、房屋和车辆被雪掩埋等惨剧(请参阅第四章中的图4.14)。

12.6 含能材料在救生方面的应用

含能材料可以用于飞行员的紧急逃生。在险情出现时，若飞行员想放弃飞机，一个爆炸装置将首先起爆，抛掉座舱盖；随后，飞行员座位下的推进器将飞行员和降落伞弹射出飞机。座舱盖分离装置以及座椅弹射装置的设计和研发非常重要，因为它们与飞行员的生命休戚相关。座舱盖分离装置和弹射座椅已经拯救了大量飞行员的性命，同时也正在保护着飞行员的安全，而含能材料在其中扮演了关键角色。

在医药领域，硝化甘油(NG)拯救了许多冠心病人的生命，而硝化甘油也是一种著名的含能材料。对于冠心病人来说，硝化甘油片剂可以预防或缓解胸部疼痛(心绞痛)。NG能扩张血管，向心脏提供更多的血液和氧气。硝化甘油片剂属于严格管制的药品，应严格按照医嘱服用。

此外，含能材料还有一种有趣但却有些奇怪的应用，即嫩化肉类。含能材料的这一应用是由肉类专家 Morse Solomon 和 John Long 发现的，水下爆炸可以使保存在水下的大量肉类嫩化。有人预计，使用这种方法嫩化肉类的成本低于用电力嫩化。除此以外，含能材料的更多应用领域仍待发现。

推荐阅读

[1] E.G. Mahadevan, Ammonium Nitrate Explosives for Civil Applications Slurries, Emulsions and Ammonium Nitrate Fuel Oils, first ed., Wiley-VCH, 2013.
[2] The Explosive Engineer: Forerunner of Progress in Mining, Quarrying, Construction, vol. 20, Contributor Hercules Powder Company, Publisher Hercules Powder Company, 1942.
[3] E.G. Baranov, A.T. Vedin, I.F. Bondarenko, Mining and Industrial Applications of Low Density Explosives, Taylor & Francis, 1996.
[4] D.E. Davenport, Explosive Welding, American Society of Tool and Manufacturing Engineers, 1961.
[5] T.Z. Blazynski, Explosive Welding, Forming and Compaction, first ed., Springer, 1983.
[6] E.O. Paton, Explosive Welding of Metal Layered Composite Materials Welding and Allied Processes, International welding Association, 2003.
[7] R.A. Patterson, Fundamentals of Explosion Welding, ASM Handbook, vol. 6, Welding, Brazing, and Soldering (ASM International), 1993.
[8] B. Crossland, Explosive Welding of Metals and its Application, Clarendon Press, 1982.

思考题

1. 在对高层建筑进行控制爆破拆除中需要考虑哪些重要因素？
2. 汽车的安全气囊如何工作？
3. 雪崩是什么？如何用炸药控制雪崩？
4. 如何理解座舱盖分离系统？在遇到险情时，炸药和推进剂如何拯救飞行员的生命？
5. 爆炸焊接的含义是什么？其与传统焊接技术相比有哪些优点？
6. 硝化甘油如何缓解心绞痛？

索　引

D	**D**
DDT. See Deflagration – to – Detonation Transition	DDT（见“燃烧转爆轰”）
Decoppering agents	除铜剂
Decoy flares	干扰弹
Deflagration	爆燃
Deflagration – to – Detonation Transition (DDT)	燃烧转爆轰（DDT）
Delay composition	延期药
Demilitarization	非军事化
Detection of Explosives	炸药探测
Detonation	爆轰
Detonation Pressure	爆轰压
Detonation temperature	爆轰温度
Detonation wave	爆轰波
Diamagnetism based detector	双磁力探测仪
1,1 – diamino – 2,2 – dinitroethylene (FOX – 7)	1,1, – 二氨基 – 2,2 – 二硝基乙烯（FOX – 7）
Differential Scanning Calorimetry (DSC)	差示扫描量热法（DSC）
Differential Thermal Analysis (DTA)	差热分析（DTA）
2,4 – dinitroanisole (DNAN)	2,4 – 二硝基茴香醚（DNAN）
Double base propellant	双基推进剂
DSC. See Differential Scanning Calorimetry	DSC（见“差示扫描量热法”）
DTA. See Differential Thermal Analysis	DTA（见“差热分析”）
E	**E**
ECD. See Electron capture detector	ECD（见“电子捕获探测仪”）
Eco – friendly oxidizers	环境友好的氧化剂
Eco – friendly primary explosives	环境友好的起爆药
Electron capture detector (ECD)	捕获电子探测仪（ECD）
Emulsion explosives	乳化炸药
Energetic binders	含能黏合剂
Energetic plasticizers	含能增塑剂
Energy of formation	生成能
Entropy	熵
EOS. See Equations of state	EOS（见“状态方程”）

Heat of explosion	爆热
Heat of formation	生成热
Heat of reaction	反应热
Heat Resistant Explosives	耐热炸药
HESH ammunition	HESH 弹药
Hess's law	希斯定律
High density, high VOD explosives	高密度、高爆速炸药
High energy materials	含能材料
High Performance Liquid Chromatography (HPLC)	高性能液相色谱(HPLC)
HMX	HMX
HNF. See Hydrazinium nitroformate	HNF(见"硝仿肼")
HPLC. See High Performance Liquid Chromatography	HPLC(见"高效液相色谱")
Hugoniot curve	Hugoniot 曲线
Hydrazinium nitroformate (HNF)	硝仿肼(HNF)
Hydrogen bonding	氢键
I	**I**
IEDs. See Improvised Explosive Devices	IEDs(见"简易爆炸装置")
Igniter composition	点火药配方
Illuminating composition	照明剂
Impact Sensitivity	撞击感度
Impetus	推力
Improvised Explosive Devices (IED)	简易爆炸装置(IED)
Impulse	冲量
IM. See Insensitive Munitions	IM(见"不敏感弹药")
IMS. See Ion mobility spectrometer	IMS(见"离子迁移谱仪")
Incendiary composition	燃烧剂
Industrial explosives	工业炸药
Insensitive Munitions (IM)	不敏感炸药
Ion mobility spectrometer (IMS)	离子迁移谱仪(IMS)
IR absorption	红外吸收
Isochoric flame temperature	等容火焰温度
K	**K**
Kieselghur	奇士乐

3 – nitro – 1,2,4 – triazole – 5 – one (NTO)	3 – 硝基 – 1,2,4 – 三唑 – 5 – 酮(NTO)
NMR. See Nuclear magnetic resonance	NMR(见"核磁共振")
NQR detector. See Nuclear quadrupole resonance detector	NQR 探测器(见"核四极矩共振探测器")
NTO. See 3 – nitro – 1,2,4 – triazole – 5 – one	NTO (见"3 – 硝基 – 1,2,4 – 三唑 – 5 – 酮")
Nuclear magnetic resonance (NMR)	核磁共振(NMR)
Nuclear quadrupole resonance detector (NQR detector)	核四极矩共振探测器(NQR 探测器)
O	**O**
Obscuration	遮蔽
Octanitrocubane (ONC)	八硝基立方烷(ONC)
Oil well perforation	油井钻探
Outside Quantity Distance (OQD)	外部安全距离(OQD)
Overexpanded nozzle	过膨胀喷管
Oxygen balance (OB)	氧平衡(OB)
P	**P**
PBX. See Plastic bonded explosives	PBX(见"塑料黏结炸药")
Pentaerythritol tetranitrate (PETN)	季戊四醇四硝酸酯(PETN)
Permitted explosives	特许炸药
PETN. See Pentaerythritol tetranitrate	PETN(见"季戊四醇四硝酸酯")
Picric acid	苦味酸
Picric. See Nitroguanidine	辉石(见"硝酸胍")
PIQD. See Process Inside Quantity Distance	PIQD (见"过程内部安全距离")
Plastic bonded explosives (PBX)	塑料粘结炸药(PBX 炸药)
Platonizers	平台化剂
Polynitrogen caged compounds	多氮笼型化合物
Prills	金属小球
Primary explosives	起爆药
Process Inside Quantity Distance (PIQD)	过程内部安全距离(PIQD)
Progressive burning	渐增性燃烧
Propellant charge mass	推进剂装药质量
Propellants	火药

SIQD. See Storage Inside Quantity Distance	SIQD（见“储存内部安全距离”）
Slurry Explosives	浆状炸药
Smoke composition	发烟剂
Smokeless powder	无烟火药
Spark sensitivity	静电火花感度
Specific energy	比能
Specific impulse	比冲
Spectroscopy	波谱
Storage Inside Quantity Distance (SIQD)	储存内部安全距离(SIQD)
Surface moderants	表面改性剂
T	**T**
TACOT	TACOT
Taggants	标识物
TATB. See Triamino trinitrobenzene	TATB（见“三氨基三硝基苯”）
Tenderization of meat	肉桂酸
Tension wave	张力波
Tetryl	特屈儿
TGA. See Thermogravimetric analysis	TGA(见“热重分析”)
Thermally stable explosive	热稳定炸药
Thermite composition	铝热剂
Thermogravimetric analysis (TGA)	热重分析(TGA)
Thermoredox detector	热氧化还原探测仪
Throat area	喷喉面积
Thrust coefficient	推力系数
TNAZ. See 1,3,3 – trinitroazetidine	TNAZ（见“1,3,3 – 三硝基氮杂环丁烷”）
TNT. See Trinitrotoluene	TNT(见“三硝基甲苯”)
Total impulse	总冲
Total thrust	总推力
Toxic Hazards	毒性危险
Tracer composition	痕量剂
Triamino trinitrobenzene (TATB)	三氨基三硝基苯(TATB)
1,3,3 – trinitroazetidine (TNAZ)	1,3,3 – 三硝基氮杂环丁烷(TNAZ)
Trinitrotoluene (TNT)	三硝基甲苯(TNT)